剪映+AI

爆款短视频文案／素材／剪辑／特效一本通

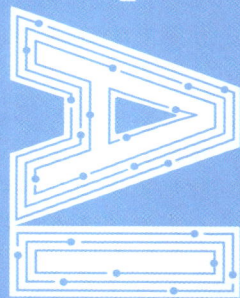

李延周 编著

U0740681

人民邮电出版社

北 京

图书在版编目（CIP）数据

剪映+AI：爆款短视频文案/素材/剪辑/特效一本通 / 李延周编著. -- 北京 ：人民邮电出版社，2025.

ISBN 978-7-115-67604-7

I. TP317.53

中国国家版本馆 CIP 数据核字第 202510JA33 号

内 容 提 要

　　本书围绕 AI 技术在短视频创作中的实际应用展开，涵盖从创意构思到成片输出的全流程，系统讲解如何利用大语言模型、AI 绘画、AI 视频生成等人工智能技术，打造出高质量的短视频作品。全书以实现 AI 创作高效落地为目的，为读者提供从文案策划、视觉设计到专业剪辑的全方位指导。

　　全书共 15 章。第 1 章到第 3 章，以大语言模型为核心，详解 AI 生成爆款标题、吸睛文案的底层逻辑与实战技巧；第 4 章到第 7 章，深入解析即梦 AI 工具的图片、视频与音频创作功能；第 8 章到第 15 章，全面覆盖剪映核心功能，包括素材剪辑、动态字幕设计、智能抠像合成、特效转场等高阶技法，满足读者提升视频剪辑技能的需求。

　　本书适合作为短视频创作者、自媒体从业者、影视创作者和新媒体工作人员等的学习与参考用书，旨在助力读者突破传统创作瓶颈，借助 AI 技术提升创意构思能力与工作效率。同时，本书也可作为艺术院校与培训机构开展 AI 视觉创作课程的参考教材。

　◆　编　　著　李延周
　　　责任编辑　王　冉
　　　责任印制　陈　犇

　◆　人民邮电出版社出版发行　　北京市丰台区成寿寺路 11 号
　　　邮编　100164　　电子邮件　315@ptpress.com.cn
　　　网址　https://www.ptpress.com.cn
　　　临西县阅读时光印刷有限公司印刷

　◆　开本：700×1000　　1/16
　　　印张：10　　　　　　　　　2025 年 8 月第 1 版
　　　字数：171 千字　　　　　　2025 年 8 月河北第 2 次印刷

定价：49.90 元

读者服务热线：(010)81055410　印装质量热线：(010)81055316
反盗版热线：(010)81055315

前言
Preface

在当下数字传播生态中，AI技术正以前所未有的速度重塑创作行业。本书以"AI驱动创作，技术提升效率"为核心，系统解析从文案生成、视觉设计到专业剪辑的全流程技术链条。

本书特色

短视频创作的时代浪潮奔涌向前，AI技术已然成为变革内容生产方式的核心驱动力。本书紧跟这一趋势，将AI技术与短视频创作深度融合，助力读者抢占短视频创作的新赛道。

全面系统： 本书内容全面，从AI创作的基础理论到短视频创作的实战技巧，从创意构思到成片输出，形成了一个完整的知识体系。无论是初学者还是有一定经验的创作者，都能从中找到适合自己的学习路径，提升短视频创作能力。

聚焦AI： 全书以AI技术为核心，详细介绍了如何利用AI工具和平台，提升短视频创作的效率和质量。从大语言模型在创意构思和文案撰写中的应用，到即梦AI在视频制作中的创新功能，让读者充分领略AI在短视频创作中的魅力。

案例丰富： 书中包含具有代表性和指导意义的实操案例，能够帮助读者更好地理解和掌握相关知识。通过实际案例的操作，读者可以将理论知识转化为实际技能，提升创作水平。

实用性强： 本书注重实用性，提供了丰富的配套资源，包含素材文件、教学视频等，方便读者在学习过程中进行实操和参考。同时，书中还以"要点提示"的方式，帮助读者解决实际创作中遇到的问题。

技术前瞻： 本书紧跟最新的AI技术和短视频创作工具，帮助读者提前布局，掌握前沿技术，为创作者在短视频创作方面提供长远的竞争储备。

温馨提示

本书中涉及的软件和AI模型包括剪映电脑版7.5.0、剪映App 15.6.0、即梦AI、即梦AI App、DeepSeek、豆包、豆包App。书中的内容配图均源于编写时的界面或网页截图，由于图书从编写到出版存在一定的时间间隔，在此期间，相关软件或网页的功能与界面可能会有所变化，因此建议您在阅读本书时，以书中思路为主导，灵活运用、举一反三。

目录
Contents

第1章

Chapter 1

AI创作：
用大语言模型开启创意风暴

本章要点

在当今数字化高速发展的时代，创作的方式和手段正在发生巨大变革。人工智能的出现为创作者们提供了强大的语言处理能力，极大地拓宽了创作空间。通过人工智能，创作者不仅可以快速处理信息、激发创作灵感，还能利用其海量的知识储备实现高效的语言表达。人工智能能够从不同角度、多个维度为创作者提供新颖的思路和切实可行的解决方案，从而提升创作效率和内容质量。

1.1 人工智能语言模型：DeepSeek的应用

DeepSeek作为一款基于人工智能大模型的对话工具，以其简洁的界面设计和强大的功能，迅速成为用户在日常工作与学习中的得力助手。本节将详细介绍DeepSeek的界面布局、核心功能及其沟通方式，帮助读者快速上手并理解其应用价值。

1.1.1 DeepSeek的界面布局

DeepSeek的界面设计以用户体验为核心，功能分区简洁、直观，用户可以轻松找到所需的操作选项，快速与模型进行交互。DeepSeek的界面主要分为输入框、历史对话区和个人信息设置，如图1-1所示。

图1-1

输入框

DeepSeek的输入框位于界面中部，是用户与AI进行交互的核心区域，用户可在此输入问题、指令、文本等内容，以获取AI的回答或让其执行相关任务。

历史对话区

历史对话区位于界面左侧，在此区域可以看到历史对话的内容，对话标题一般为第一句对话内容。通过该区域，用户可以清晰地看到与DeepSeek的所有对话内容，方便回顾之前的问题和答案，了解交互过程。同时，还可以基于之前的内容继续和DeepSeek对话，便于深入探讨或进一步询问相关信息。

个人信息设置

在个人信息设置选项中，包含系统设置、删除所有对话、联系我们和退出登录，如图1-2所示。

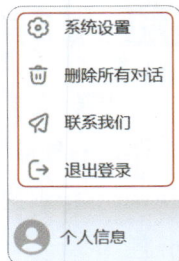

图1-2

1.1.2 指令发送和推理模式

DeepSeek的指令系统融合了自然语言处理与结构化命令技术，能够实现从基础问答到复杂任务的全场景覆盖。本小节将详细介绍指令发送的方法及各项专业功能，帮助用户掌握相关功能的操作方法。

指令发送

在输入框输入指令后，单击输入框右侧的"发送"按钮 ⬆，即可将指令发送给DeepSeek，如图1-3所示。在输入指令时，尽量使用清晰、准确的语言表达自己的需求，避免出现模糊表述和歧义。

上传附件

DeepSeek支持上传图片、文档等类型的文件作为输入内容。对于图片，模型会自动识别其中的文字信息；对于文档，模型可以对其内容进行分析、总结、提取关键信息等操作。单击"上传附件"按钮 📎 即可选择本地文件进行上传，如图1-4所示。同时，用户还可以在输入框中输入对文件内容的执行要求。

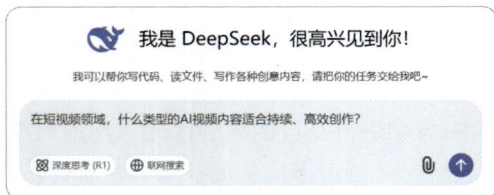

图1-3

图1-4

深度思考（R1）

DeepSeek中的"深度思考（R1）"模式，能够对问题进行深入分析和推理。当用户提出问题时，模型会综合考虑多个因素，运用其知识储备和算法进行分析，给出更具深度和逻辑性的回答。单击"深度思考（R1）"按钮即可开启该模式，在该模式下，模型回复问题时会展示其思考过程，如图1-5所示。

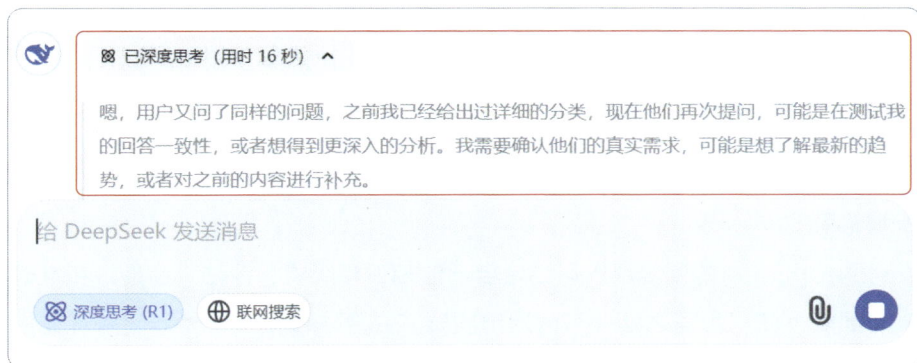

图1-5

1.1.3 学会和DeepSeek深度沟通

深度沟通能够挖掘DeepSeek的更多潜力，使用户获取更深入、全面的信息和见解，满足用户在专业领域或面对复杂问题时的需求。

明确目标

在提问时，尽量使用简洁、明确的语言，避免使用冗长、复杂的句子结构。同时，要确保问题的核心内容清晰呈现，以便模型能够快速理解问题的重点。例如，"人工智能在金融领域有哪些具体应用？"相较于"人工智能是什么？"，前者的表述更加清晰且具有针对性。

上下文管理

在多轮对话中，DeepSeek能够记住之前的对话内容，利用这一点进行上下文结合提问，可以让模型更好地理解每个问题的具体要求，从而提供更详细、准确的回答。例如，在询问关于某项技术的应用时，可以先问"这项技术的基本原理是什么？"，然后再问"它在哪些领域有应用？"等问题。

深化问题

避免提出过于简单或流于表面的问题，尝试提出一些具有挑战性和深度的问题，以此引导模型进行深入思考。例如，在探讨某个社会现象时，可以问"这个现象背后的深层次原因是什么？它对社会的长期发展会产生哪些影响？"这类问题能够促使DeepSeek提供更丰富、深入的信息。

多角度探讨

在与DeepSeek沟通时，应尝试从不同的角度看待问题，提出多样化的观点和假设。可以要求模型对不同的观点进行分析。例如，在讨论某项技术的优缺点时，可以问"从经济、环境和社会等多个角度来看，这项技术的优缺点分别是什么？"通过多角度探讨，能够获取更有价值的见解。

反馈机制

收到DeepSeek的回复后，可结合自己的知识和经验，评估其合理性和准确性。如果发现回复存在不合理之处，可以提出质疑，并要求模型进一步作出解释或提供更多的证据。例如，"你给出的这个结论有什么依据吗？能否提供一些相关的数据或案例支持？"通过质疑的反馈机制，可以提高与模型沟通的质量，获取更可靠的信息。

1.2 豆包的操作技巧：学会和AI对话

本节内容主要介绍如何正确地与豆包进行交互，从而获得最佳的使用体验并提升创作效率。

1.2.1 指令的输入和发送

在与豆包进行对话时，首先需要掌握指令输入、指令发送和停止生成功能的操作方法，以便完成从提问到获得回复的问答流程。

指令输入

打开豆包以后，在首页的聊天窗口中单击输入框，即可输入对话内容。例如，在输入框中输入"请为我写出5个有关成都美食的短视频标题"，如图1-6所示。

指令发送

单击输入框右侧的"发送"按钮🔼或者按Enter键，即可发送指令，如图1-7所示。

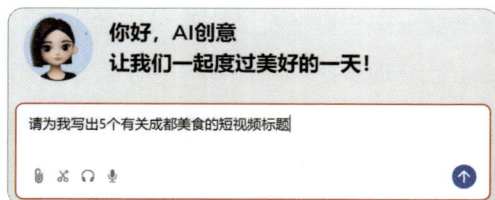

图1-6

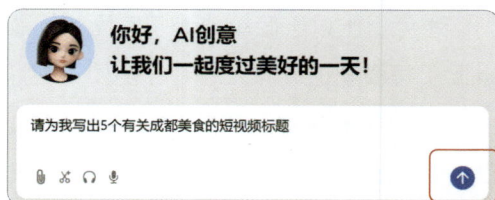

图1-7

停止生成

如果在豆包生成内容的过程中出现错误或需要停止当前回复，单击"停止生成"按钮◉，即可中断当前内容的生成，如图1-8所示。

図1-8

1.2.2 回复内容的操作选项

在豆包生成回复内容后，可以根据需要对其进行进一步的操作，以满足创作需求，其中包括语音朗读、复制、重新生成、收藏等选项。

语音朗读

语音朗读功能可以将生成的文本内容转化为语音输出。单击"语音朗读"按钮◁)即可开始朗读文本内容，如图1-9所示。朗读过程中单击"暂停朗读"按钮 ᴵ।ᴵ 即可停止朗读。

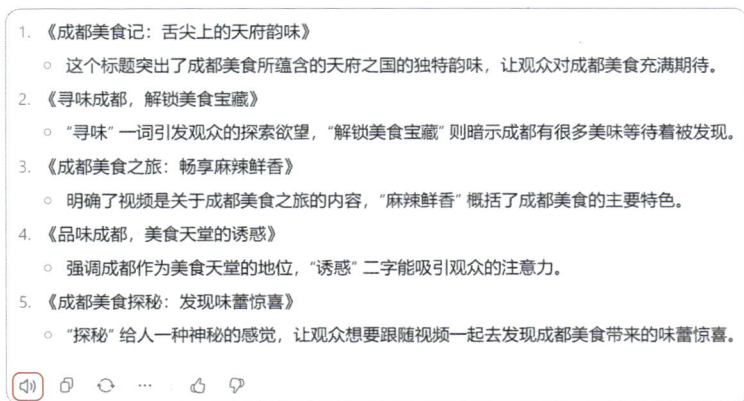

1. 《成都美食记：舌尖上的天府韵味》
   ○ 这个标题突出了成都美食所蕴含的天府之国的独特韵味，让观众对成都美食充满期待。
2. 《寻味成都，解锁美食宝藏》
   ○ "寻味"一词引发观众的探索欲望，"解锁美食宝藏"则暗示成都有很多美味等待着被发现。
3. 《成都美食之旅：畅享麻辣鲜香》
   ○ 明确了视频是关于成都美食之旅的内容，"麻辣鲜香"概括了成都美食的主要特色。
4. 《品味成都，美食天堂的诱惑》
   ○ 强调成都作为美食天堂的地位，"诱惑"二字能吸引观众的注意力。
5. 《成都美食探秘：发现味蕾惊喜》
   ○ "探秘"给人一种神秘的感觉，让观众想要跟随视频一起去发现成都美食带来的味蕾惊喜。

図1-9

复制

复制功能可以一键复制当前生成的所有文本内容，以便将文本粘贴到其他位置。单击"复制"按钮 ⌓ 即可完成复制，如图1-10所示。

重新生成

如果对生成的结果不满意或需要丰富生成内容，可以对回复内容进行重新生成。单击"重新生成"按钮 ↻ 即可重新生成回复内容，如图1-11所示。

图1-10

图1-11

收藏

如果用户认为生成内容比较有价值，可以将其保存到"收藏夹"中，以便将来查阅和使用。单击"更多选项"按钮 ⋯ 后，在展开的菜单中选择"收藏"选项即可，如图1-12所示。

图1-12

> ▶ 要点提示
>
> 收藏的对话内容，可以在左侧的"收藏夹"选项中查看，如图1-13所示。

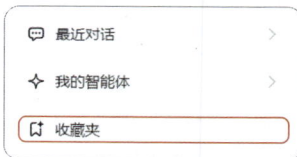

图1-13

1.2.3 指令的复制和修改

在发送提问指令后，可以对指令内容进行修改或者复制，修改指令有助于进一步优化表达需求，复制指令则能节省再次输入的时间。

复制

复制指令功能主要用于在发送指令后，既要保存当前生成的内容，又想在当前指令的基础上做进一步优化的情况。此时，使用该功能能够有效提升工作效率。用户只需在指令下方单击"复制"按钮 ⎘ 即可完成操作，如图1-14所示。

修改

发送指令后，如果对生成内容不满意或者需要进一步优化提问内容，可以对当前指令进行修改，然后重新生成。在指令下方单击"修改"按钮 ✎ ，如图1-15所示。

随后在弹出的指令输入框中对内容进行重新编辑，再单击"发送"按钮⬆️即可重新发送指令，如图1-16所示。

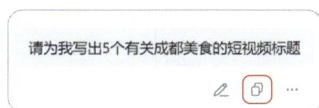
图1-14

图1-15

图1-16

1.2.4 指令的换行输入

在输入多步骤或复杂的指令时，将文字分行显示，会使内容表达更清晰易懂。若需要另起一行输入文字，可先按住【Shift】键，再按【Enter】键，即可完成换行操作，如图1-17所示。

图1-17

1.2.5 多生态的提问方式

豆包提供了多生态的交互方式，用户可以根据自身所处的场景以及需求特点，选择合适的途径获取信息，提问方式主要包括文字输入、语音输入、语音通话、截图提问和上传文件。

文字输入

文字输入是最基础的对话方式，直接在文字输入框中输入想要表达的内容即可，如图1-18所示。

语音输入

随着语音识别技术的不断发展，使用语音输入功能可以更加方便快捷地与豆包沟通，该方式适合不便于进行文字输入的场景。单击输入框右侧的"语音输入"按钮 🎤 开始讲话，讲话结束后再次单击"停止语音输入"按钮 ᐧᐧᐧᐧ 即可，如图1-19所示。

图1-18

图1-19

语音通话

使用语音通话功能，用户可以与豆包进行实时通话，直接用口语化的方式交流沟通。这种方式尤其适用于需要即时反馈和深度交流的场景。单击输入框右侧的"语音通话"按钮 📞 ，即可开始与豆包交流，如图1-20所示。语音通话窗口如图1-21所示。

图1-20

图1-21

截图提问

豆包具备截图功能，能够捕捉屏幕上的信息，再利用强大的图像识别技术对截图内容进行智能分析，并将其作为回答的依据。单击输入框右侧的"截图提问"按钮 ✂ 即可开始截图，如图1-22所示。

图1-22

上传文件

在需要处理大量数据或文档的场景下，用户可以上传相关文件，豆包会利用自然语言处理和知识图谱等技术，对文件内容进行深度分析，并给出相应的回答或建议。这种方式适用于撰写论文、分析数据等需要处理大量文字和数字的任务，支持上传的文件格式包括PDF、TXT、CSV、DOCX、PNG、JPEG等。

单击输入框右侧的"上传文件"按钮 📎 即可开始上传，如图1-23所示。

图1-23

1.2.6 对话项目的管理

在对话窗口左侧的选项栏中，展开"最近对话"选项可以查看最近的对话内容，如图1-24所示。单击对话项目后的"更多选项"按钮 … 可以在展开的菜单中对该对话进行管理操作，其中包括分享、收藏、添加书签、重命名、举报和删除，如图1-25所示。

图1-24　　　　　　　　　　　　图1-25

分享

分享功能可以将对话内容发送给其他用户或分享到社交平台，其作用是打破信息的封闭状态，促进信息的流通与传播。

收藏

收藏功能可以将对话内容进行保存，并在收藏夹中统一管理，方便用户随时回顾和查找重要信息。

添加书签

添加书签功能可以将当前对话内容设置为特定页面，就像在书籍中插入书签以便快速定位某页内容一样，能帮助用户快速查找重要或常用的对话内容，提高信息检索效率。

重命名

重命名功能可以为对话项目设置更准确、辨识度更高的名称，从而更方便管理和查找对话。

举报

举报功能允许用户举报存在违规或不良行为的对话内容，以维护社区的和谐氛围。

删除

删除功能可以将不再需要或不想保留的对话从项目栏中移除，以清理对话界面，减少信息干扰。

1.3 豆包App：随身创作的得力助手

在快节奏的移动互联网时代，灵感往往稍纵即逝。因此，使用豆包 App能够让用户随时随地获取创作信息。本节内容将详细介绍豆包App的功能和操作方法。

1.3.1 导航栏介绍

豆包App的导航栏由5个部分组成，分别是对话、发现、创建、通知和我的，直接点击图标即可进入对应的功能页面，如图1-26所示。

对话

"对话"导航栏包含豆包对话的主窗口和各种类型的智能体窗口。

发现

"发现"导航栏包含热门话题、内容精选和各种对话类型，是获取创作灵感的重要途径。

创建

"创建"导航栏可以新建AI智能体，为不同的创作项目配置专属助手。

通知

"通知"导航栏用于展示系统通知、消息提醒和重要更新等内容。

图1-26

我的

"我的"导航栏内可以编辑个人资料、查看发布作品、查看收藏内容等。

1.3.2 "对话"导航栏

在"对话"导航栏中包含各种类型的对话选项，直接点击即可进入对话窗口，置顶的选项是与豆包对话的主窗口，如图1-27所示。

长按对话选项可以对其进行编辑操作，包含置顶、编辑对话名称、分享对话和从对话列表删除，如图1-28所示。

图1-27

图1-28

置顶

将重要或频繁使用的对话置于对话列表的顶部，方便快速访问。

编辑对话名称

为对话自定义一个易于识别的名称，有助于分辨不同的对话内容。

分享对话

可以将当前对话内容分享给其他用户，方便沟通和交流。

从对话列表删除

当不再需要某个对话时，可以将其从对话列表中删除，以保持列表的整洁。

1.3.3 指令的发送形式

豆包App支持多种指令发送形式，可以满足不同的用户偏好和场景需求，包含文字、语音、相机、相册、文件和打电话。在"对话"导航栏中点击"豆包"选项，即可进入对话窗口，然后点击"展开"按钮 ⊕，如图1-29所示。点击后即可看到指令发送的操作图标，如图1-30所示。

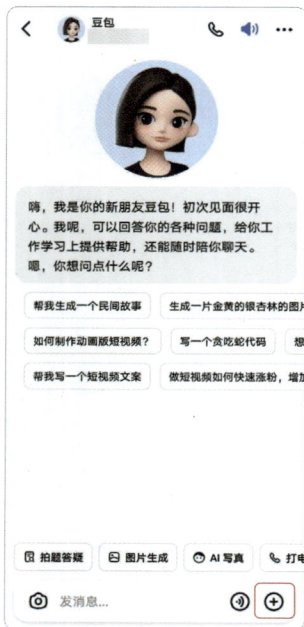

图1-29

图1-30

文字

文字输入是最基础的对话方式，直接在文字输入框中输入需要表达的内容即可。

语音

按住"按住说话"图标开始讲话，讲话结束后松开手指即可发送语音内容，如图1-31所示。

图1-31

相机/相册

上传图片或现场拍照，豆包的图像识别技术会对图片内容进行智能分析，并将其作为回答的依据。

文件

使用文件功能，用户可以上传相关文件，豆包会利用自然语言处理和知识图谱等技术，对文件内容进行深度分析，并给出相应的回答或建议。

打电话

通过使用"打电话"功能，用户可以与豆包进行实时通话，直接以口语化的方式交流、沟通。这种方式尤其适用于需要即时反馈和深度交流的场景，如图1-32所示。

图1-32

1.3.4 指令的操作选项

在发送提问指令后，用户可以对指令内容做进一步操作。长按指令内容即可弹出一个菜单，其中包括修改、复制、选取文字和分享，如图1-33所示。

修改

对已发送的指令进行重新编辑，修改其中的内容，使其更加完善。

复制

复制指令内容，以便在其他地方使用。也可将复制的内容粘贴到输入框中，在现有内容的基础上继续补充后重新发送。

选取文字

根据需要在指令中选取所需文字进行复制。

分享

将指令内容分享到社交媒体、邮件或其他应用程序等。

点击菜单中的"更多"选项，会进一步弹出"创建新对话"和"删除"这两个选项，如图1-34所示。

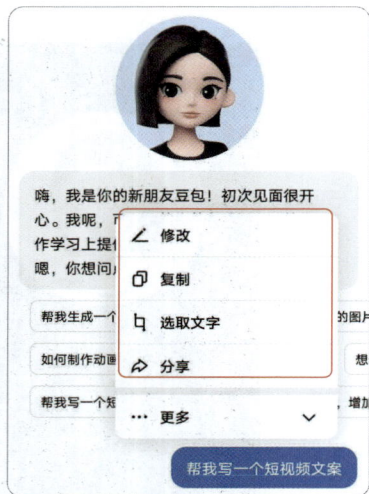

图1-33

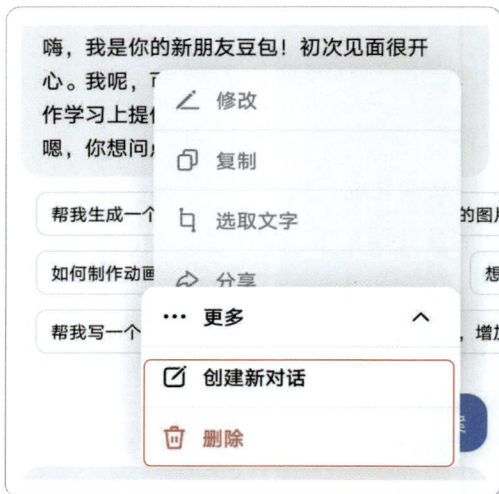

图1-34

创建新对话

开启新的对话窗口，避免与之前的对话内容产生混淆。

删除

删除不需要或存在错误的指令。

1.3.5 回复内容的操作选项

在豆包生成回复内容后，用户可以根据需要对其做进一步操作，以满足创作需求。长按已生成的回复内容，会弹出一个菜单，其中包括复制、选取文字、朗读、分享和收藏，如图1-35所示。

复制

复制回复内容，以便在其他地方使用。

选取文字

根据需要在回复内容中选取文字进行复制、朗读或者追问操作，如图1-36所示。

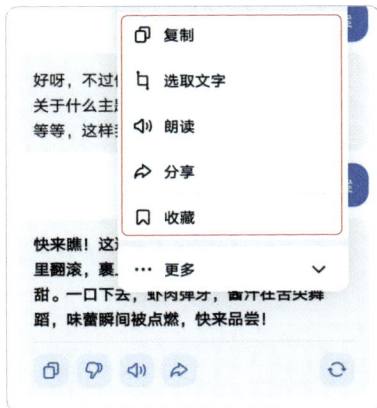

图1-35

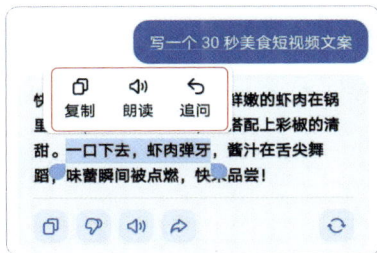

图1-36

朗读

将豆包的回复内容用语音的形式朗读出来，用于在不便查看文字时获取信息。

分享

将回复内容分享到社交媒体、邮件或其他应用程序等。

收藏

将回复内容添加到收藏夹中进行保存，以便随时回顾和查找重要信息。

▶ 要点提示

收藏的内容可以在"我的"导航栏内的"收藏"选项中找到，如图1-37所示。

图1-37

点击菜单中的"更多"选项，会进一步弹出其他选项，包含创建新对话、导出文件、举报和删除，如图1-38所示。

创建新对话

用当前回复内容开启新的对话窗口，避免与之前的对话内容产生混淆。

导出文件

将回复内容以文件的形式导出保存，便于整理和使用，目前支持的导出格式有Word、PDF和TXT，如图1-39所示。

图1-38

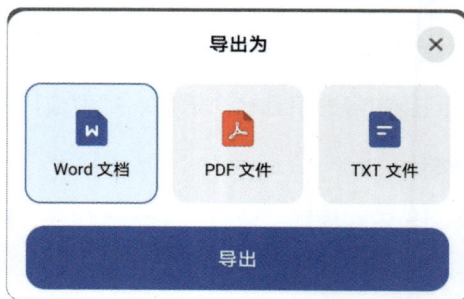

图1-39

举报

举报存在违规或不良行为的对话内容，以维护社区的和谐环境。

删除

将不再需要或不想保留的内容进行移除，以清理对话界面，减少信息干扰。

1.3.6 豆包的设置选项

用户可以根据自己的使用习惯，设置豆包的个性化功能，以此提升操作体验，在对话的主窗口中点击"豆包"头像，即可打开设置页面，如图1-40所示。设置选项包括设置形象、声音、语言和字号调整，如图1-41所示。

图1-40

图1-41

设置形象

用户可以为豆包选择不同的虚拟形象，从而满足个人喜好或使用场景的需要。

声音

豆包提供了多种语音包供用户选择，包括不同性别、不同风格和各类方言的声音。此外，用户也可以克隆自己的声音作为语音包，如图1-42所示。

语言

豆包App支持中文和英语两种语言。用户可以根据自己的语言习惯或创作需求切换语言。

字号调整

用户可以放大或缩小对话中的文字字号，以便更好地适应不同的视力状况和个人的阅读偏好。

图1-42

1.3.7 "发现"导航栏

在"发现"导航栏中，用户可以探索豆包社区的更多内容，从而激发创作灵感，其中包含热门话题推荐、精选内容浏览、分类资讯查找等，如图1-43所示。

图1-43

1.3.8 创建AI智能体

在"创建"导航栏中，用户可以根据特定需求或基于不同用途，创建属于自己的AI智能体，比如用于写作、翻译等场景。设置选项包含头像、名称、设定描述、声音、语言、对话权限等，如图1-44所示。

头像

根据自己的审美偏好或者内容主题，为创建的 AI 智能体选择一个头像。

名称

可以自行设定AI智能体的名称。

设定描述

详细描述智能体的性格、能力、知识领域等方面的设定，有助于智能体在交流中更精准地理解和回应。

图1-44

对话权限

控制智能体的对话范围，权限类型包含公开、不被发现、私密。

1.4 剖析关键词：精准锁定对话核心

在与豆包对话时，清晰传达核心信息对于获取准确且有用的回答至关重要。一段精准有效的指令内容，决定了沟通效率和所获信息的准确性。本节我们将从对话主题、关键词和表述细节这三个方面进行探讨。

1.4.1 明确对话主题

在开启与豆包的交流之前，不妨先静下心来，思考一下自己真正想要解决或了解的问题。有明确的目的才能避免我们在对话过程中偏离方向，就如同为一场旅行设定了清晰的目的地，确保对话内容始终围绕核心主题展开。

当我们用笼统、模糊的指令对话时，如"我想了解短视频。"，豆包只能给出一些宽泛、一般性的信息，难以满足特定需求。相反，若正确提问"我想了解短视频的拍摄技术。"此时主题明确为"拍摄短视频的技术"，豆包便会从拍摄角度、镜头运用、画面构图等方面做具体讲解，让我们获得具体且实用的建议。

例如，当我们提出"如何制作美味披萨？"这一问题时，对话主题就是披萨的制作方法和过程，相关问答内容如下所示。

Q 如何制作美味披萨？

A 披萨的做法丰富多样，你可以使用不同的食材和调味料制作出各种口味的披萨。以下是一份基础的美味披萨制作方法：

1. 准备食材

面饼：普通面粉 150 克、酵母 2 克、白糖 1.5 克、食盐 1 克、牛奶 85 克、黄油 10 克。

酱料：番茄酱、椒盐黑胡椒酱。

馅料：马苏里拉奶酪、培根、芝士碎、鲜虾仁、什锦蔬菜（甜玉米粒、胡萝卜丁、青豌豆）、洋葱、青柿椒。

2. 制作面饼

将酵母粉加入温牛奶中充分融化，再加入白糖、食盐，充分搅拌均匀，然后加入面粉，搅成面絮状，最后加入黄油，揉成光滑的面团，蒙上保鲜膜静置，直至发酵好。

面发酵好后，取出面团压扁排气，稍微揉搓一下，擀成大小适中的圆形饼皮。注意底部要薄一些，边沿必须略厚一些。

用西餐叉子或牙签，在饼皮底部均匀扎出些小眼，以利于排气，防止烤制时膨胀破裂。

3.制作披萨

在饼皮底部刷上一层番茄酱或椒盐黑胡椒酱，然后撒上一层芝士碎。

将各种蔬菜丁均匀铺上一层，再码放好培根和鲜虾仁。

最后，再撒上一层芝士碎。

4.烤制披萨

将烤箱预热至180摄氏度，然后将披萨放入烤箱中烤 20 分钟左右，直到表面金黄、奶酪融化即可。

在制作披萨时，你可以根据自己的口味和喜好进行调整和创新。比如，你可以加入自己喜欢的肉类、蔬菜、水果等，还可以使用不同的酱料和调味料，制作出独特的口味。

1.4.2 确定核心关键词

确定关键词是锁定对话核心的关键步骤，核心关键词能够聚焦问题，帮助豆包更快速、准确地理解用户需求。我们需要从明确的主题中提炼出最关键、最能代表核心诉求的词汇。例如，对于问题"上班族如何高效利用碎片时间进行健身？"，其中"上班族""碎片时间""健身"就是核心关键词。这些关键词既能够准确反映问题的主题，又能够覆盖到目标群体。反之，如果只是提问"如何高效健身？"，就无法明确健身对象的年龄、状态、时间安排等具体信息。

例如，提出"哪些山东土特产适合儿童品尝？"这一问题时，其关键词就是"山东""土特产""儿童"，相关问答内容如下所示。

Q 哪些山东土特产适合儿童品尝？

A 以下是一些适合儿童品尝的山东土特产。

食品类

钙奶饼干：山东经典特产，承载山东人童年回忆。口感酥脆、香气四溢，营养丰富，是一款健康美味的零食，可干吃或泡牛奶，口感软糯。

高粱饴：山东传统特产，以"弹、韧、柔"著称，不黏牙，甘美爽口，有玫瑰饴、山楂饴、草莓饴等多种口味，满足不同孩子喜好。

周村烧饼：薄而脆，香酥可口，带芝麻香味，咬下会发出"咔嚓"声，易引起孩子食欲，是极具山东特色的传统糕点。

莱阳梨膏棒棒糖：以莱阳梨为原料熬制，既保留莱阳梨的清甜和营养，又具备棒棒糖的趣味性，孩子享受甜蜜的同时，还能起到润肺止咳的作用。

沂蒙公社山楂条：选用优质山楂制作，不添加香精、人工色素和防腐剂，口感酸甜可口，有助于开胃消食，是儿童喜爱的健康零食。

乐陵金丝小枣：皮薄肉厚、核小色美，富含多种营养物质，有很高的营养价值和药用价值，可直接吃干枣，也可煮粥或做枣泥馅等，味道香甜可口。

日照蓝莓：果肉细腻，气味芳香，甜酸适口，富含维生素、蛋白质及矿物质，对保护儿童视力十分有益，是健康的水果类土特产。

文登花饽饽：纯手工制作，颜色采用天然果蔬色素提取，造型多为花、鸟、鱼等寓意美好的形象，好看且口感香甜，干吃别有风味，能让孩子感受传统美食文化魅力。

饮品及其他

崂山可乐：中国第一款碳酸饮料，起源于 1953 年的青岛崂山，是当地的国潮老字号。配方融合丁香、高良姜、白芷等多种中草药，有草药的独特香味，陈皮和梅子味道清爽，甜度适中，较普通可乐更健康，适合儿童偶尔饮用。

莱阳慈梨膏：选用莱阳慈梨为原料，经传统工艺制作，不添加人工色素、防腐剂。口感细腻，味道鲜甜，富含大量营养成分，有助于提高儿童免疫力，维持消化系统健康，可直接食用或冲水饮用。

1.4.3 深化主题细节

在我们与豆包的对话中，如果想要得到深入、全面和有针对性的回复，只有一个大致的主题是不够的，还需要在主题的基础上不断深化主题细节，清晰地阐述问题，避免模糊、空泛的交流，从而获得更精准、实用的回答。

假设主题是"如何选择适合自己的职业"，深化细节后，可以这样表述："我目前对教育和传媒两个行业感兴趣。在教育行业，我有过短暂的实习经历，但担心工作压力大。传媒行业看起来很有活力和创意，但我不太了解具体的工作内容。我的性格比较内向，乐于接受新事物。请问基于这些情况，我该如何做出更合适的职业选择？"确定主题的同时做出具体、详细的表述，有利于豆包结合实际情况给出有效回复。

例如，提出一个关于"如何规划旅行"的问题，可以这样表述："我计划暑假去云南旅行，预算5000元左右，行程安排为5天左右，我喜欢悠闲的行程，时间不要太赶。综合以上因素，请简要说明。"，问答内容如下所示。

Q 我计划暑假去云南旅行，预算5000元左右，行程安排为5天左右，我喜欢悠闲的行程，时间不要太赶。综合以上因素，请简要说明。

A 以下是一份5天左右、预算5000元左右的暑假云南悠闲旅行简要规划：

行程安排

第一天：抵达昆明，可到滇池畔欣赏湖光山色、观赏海鸥，傍晚去昆明老街品尝美食，如过桥米线等，感受昆明的悠闲氛围。

第二天：上午参观云南省博物馆，了解云南历史文化；下午前往抚仙湖，欣赏清澈湖水与湖光山色，可沿湖漫步或乘船游览。

第三天：从昆明乘动车前往大理，到达后在大理古城入住并漫步，欣赏古城建筑，品尝破酥粑粑等白族美食，体验大理的慢生活。

第四天：租电动车或自行车沿洱海骑行，打卡龙龛码头、磻溪村等网红点，欣赏洱海风光，途中品尝当地美食；晚上返回大理古城休息。

第五天：从大理前往丽江，到达后游览丽江古城，欣赏古城建筑和街道，体验纳西文化，品尝腊排骨等特色美食；晚上可观看《丽水金沙》演出，结束后准备返程。

预算分配

交通费用：往返机票或高铁票根据出发地不同价格有所差异，费用1500~2000元；云南境内动车、公交等交通费用300~500元。

住宿费用：选择中等价位酒店或民宿，每晚200~300元，4晚共计800~1200元。

餐饮费用：品尝各种特色美食，预计1000~1500元。

门票费用：各景点门票及演出票等，预计500元左右。

旅行小贴士

云南夏季紫外线强，需携带防晒霜、墨镜、遮阳帽等防晒用品。

云南早晚温差较大，即使夏季也需准备一件外套，以防感冒。

提前了解各景点开放时间和门票预订方式，合理安排行程，避免耽误时间。

第2章

短视频标题：
掌握吸睛密码

本章要点

在短视频内容爆炸的时代，想要在众多视频中脱颖而出，一个吸睛的标题至关重要。就像商店的招牌，短视频标题直接影响观众是否会停留观看。本章将从实用、可落地的角度出发，探索短视频标题的创作方法，帮助创作者掌握生成短视频标题的技巧。

2.1 内容定位：用AI规划创作方向

内容定位决定了短视频创作的主题和方向，同时直接影响后续的创作效率、内容垂直度、受众群体等关键因素，选择一个适合自己的视频类型，才是做出优质内容的关键。

2.1.1 结合自身情况确定创作类型

作为短视频创作者，首先需要综合考量个人的兴趣爱好、专业知识、经验技能、资源条件等要素，明确自身在短视频领域的核心竞争力。

创作者只有基于自身情况和资源优势进行选择，才能在后续的创作中得到长足发展，以下是相关因素的具体说明。

兴趣爱好

例如，对动漫极度痴迷的创作者，可将"动漫角色的深度剖析"作为短视频的核心内容，通过分享对动漫角色的理解和感悟，吸引热爱动漫的观众；对美食充满热爱的创作者，可考虑制作美食烹饪或美食探店类视频。

专业知识

例如，金融专业人士可选择"金融走势对个人财富的影响"作为创作方向，凭借自己的专业知识为观众提供有价值的建议；具备摄影专长的创作者，适合制作摄影技巧分享或摄影作品展示的视频内容，凸显专业优势。

经验技能

例如，手工制作经验丰富的创作者，可将"手工饰品制作教学"作为核心，向观众展示自己的制作技巧和心得。

资源条件

例如，创作者身处农村，拥有丰富的田园风光和乡村生活素材，那么"记录田园生活"或"乡村传统手工艺展示"就可以作为核心内容，充分利用当地特色资源。

综合上述可以借鉴的因素，创作者可从自身实际情况出发，描述所处环境、专业特长、资源优势等条件，借助豆包的大数据分析、搜索行为洞察、用户需求和偏好挖掘等功能，获取创作灵感和方向。

步骤01在豆包中输入："我对历史特别感兴趣，平时也读了很多历史书籍，请根据这个条件为我推荐3个短视频创作方向。"问答内容如下所示。

Q 我对历史特别感兴趣，平时也读了很多历史书，请根据这个条件为我推荐3个短视频创作方向。

A 以下是为您推荐的 3 个短视频创作方向：

1."古代战争中的战略智慧解析"

您可以深入研究古代著名战争，分析其中运用的战略战术，如三国时期的赤壁之战、淝水之战等，为观众揭示古人在战争中的谋略和智慧。

2."历史长河中的女性力量"

挖掘历史上杰出女性的故事，如武则天、李清照等，展现她们在各自时代所发挥的重要作用和展现出的坚韧力量。

3."解密古代神秘文化与习俗"

可以讲解古代独特的文化现象和习俗，如古代的占卜文化、丧葬习俗等，解读其背后的含义和发展脉络。

步骤02继续输入："以解密古代神秘文化为方向，具体细化创作类型。"问答内容如下所示。

Q 以解密古代神秘文化为方向，具体细化创作类型。

A 以下是以解密古代神秘文化为方向的具体细化创作类型：

1."古代神秘的奇门遁甲"：介绍奇门遁甲的原理和布局，分析其在军事、占卜中的运用，探讨其神秘性的根源。

2."古代神秘的巫医之术"：讲述巫医的治疗方式和仪式，研究其与传统医学的关系，思考其背后的文化心理。

3."古代神秘的神兽传说"：列举如麒麟、凤凰等神兽，解析其象征意义和相关故事，探究古人对神兽崇拜的原因。

4."古代神秘的炼丹术"：描述炼丹的过程和目的，分析其对化学发展的潜在影响，思考其在古代文化中的角色。

5."古代神秘的图腾崇拜"：展示不同图腾形象，解释其寓意和部落信仰，研究图腾对族群凝聚的作用。

2.1.2 使用人工智能优化主题

在初步确定主题后，可借助豆包海量的数据和算法能力分析该主题在市场上的热度、竞争激烈程度，以及潜在的受众规模和兴趣点。例如，初始主题为"宠物饲养指南"，豆包分析后指出这一主题的热度较高，但竞争也较为激烈，并建议进一步细化为"小型犬的夏日护理秘籍"，通过突出核心特色，精准吸引目标受众。

下面以"美食烹饪教程"主题为例，展示如何使用豆包对主题内容进行优化。

在豆包中输入："我准备制作主题为'美食烹饪教程'的短视频内容，但是考虑到同类内容可能饱和，请基于该主题进行优化，以达到降低竞争程度、精准锁定受众的目的。"问答内容如下所示。

Q 我准备制作主题为"美食烹饪教程"的短视频内容，但是考虑到同类内容可能饱和，请基于该主题进行优化，以达到降低竞争程度、精准锁定受众的目的。

A 以下是优化后的一些主题方向，希望能满足您的需求：

1."素食主义者的精致素食烹饪秘籍"

分析：聚焦于素食人群，相较于普通美食烹饪教程，受众定位更精准，竞争相对较小。

适用人群：素食爱好者、关注健康饮食或有特殊饮食需求的人群。

2."低糖、低脂美食的创意烹饪法"

分析：针对追求低糖、低脂饮食的人群，满足他们对健康与美味兼顾的需求，竞争相对较小。

适用人群：健身人士、减肥人群、关注健康饮食的消费者。

3."传统地方小吃的家庭式创新烹饪"

分析：结合传统地方小吃和家庭创新元素，独特且能吸引对地方美食有情怀、喜欢在家尝试烹饪的观众。

适用人群：对地方文化感兴趣的美食爱好者、喜欢在家烹饪特色美食的人群。

4."五分钟快手营养早餐烹饪教程"

分析：锁定快节奏生活中需要快速准备营养早餐的人群，主题明确且具有实用性。

适用人群：上班族、学生家长、忙碌的现代人。

2.2 5类标题文案的生成技巧

本节将针对5类常用且主流的标题文案进行详细介绍，逐一剖析每种标题文案的核心特点和生成方法，从吸引注意力、激发好奇心、传递信息等多个层面，满足不同受众群体的需求和喜好。

2.2.1 悬念型标题文案

悬念型标题文案通过制造悬念，激发观众的好奇心，让观众的思维处于一种悬而未决的状态。这类标题通常包含引人入胜的问题或未解之谜，让观众想要知道答案或结果。

以下是悬念型标题文案的生成操作，问答内容如下所示。

Q 请针对主题为"赤壁之战"的短视频，提供10个悬念型标题文案。

A 以下是 10 个关于 "赤壁之战" 的悬念型标题文案：

1.《赤壁之战：谁的神秘计谋扭转了战局？》

2.《赤壁之夜，那封未送达的密信隐藏着怎样的惊天秘密？》

3.《赤壁之战前夕，神秘黑影在营帐中究竟密谋了什么？》

4.《赤壁烽火中，失踪的将领去了哪里？》

5.《赤壁之战，曹操营帐内的那声惊呼因何而起？》

6.《战火纷飞的赤壁，那艘消失的战船究竟去往何方？》

7.《赤壁战场，诸葛亮手中的锦囊何时打开？》

8.《赤壁的狂风中，谁在偷偷传递着关键情报？》

9.《赤壁之战，孙刘联军背后的神秘力量来自何处？》

10.《决战赤壁，那把未出鞘的宝剑能否决定胜负？》

2.2.2 提问型标题文案

提问型标题文案直接提出与视频内容相关的问题，引发观众的思考和共鸣。这类标题通常能够激发观众的参与感，促使他们表达自己的观点或寻找答案。

以下是提问型标题文案的生成操作，问答内容如下所示。

Q 我在做一个关于"提高记忆力"的短视频，请提供10个提问型标题文案。

A 以下是为您生成的 10 个关于 "提高记忆力" 的提问型标题文案：

1.《想提高记忆力，你知道睡眠有多关键吗？》

2.《提高记忆力，多吃水果真的有用吗？》

3.《频繁遗忘？如何提高记忆力你真的懂吗？》

4.《提高记忆力，运动的作用被你低估了吗？》

5.《总是记不住？提高记忆力的最佳时间你抓住了吗？》

6.《想要提高记忆力，冥想的力量你了解吗？》

7.《提高记忆力，听音乐能帮忙吗？》

8.《背诵总卡壳，提高记忆力的技巧你找对了吗？》

9.《老是忘东忘西，提高记忆力的食补方法你知道几个？》

10.《工作学习效率低，提高记忆力的训练方法你会吗？》

这些标题文案都围绕 "提高记忆力" 这一主题，通过提问的方式引发观众的好奇心和兴趣，促使他们想要了解更多关于提高记忆力的内容。每个标题都涉及一个可能影响记忆力的因素或方法，如睡眠、饮食、运动、时间、技巧、冥想、音乐等，能够吸引持有不同关注点的观众。

2.2.3 热点型标题文案

热点型标题文案需要紧跟时事热点，利用热门话题或事件吸引观众的关注。这类标题通常具有时效性和话题性，能够迅速吸引观众的注意力。

以下是热点型标题文案的生成操作，问答内容如下所示。

Q 请针对当下热度较高的"元宇宙"话题，提供10个热点型标题文案。

A 以下是 10 个关于 "元宇宙" 话题的热点型标题文案：

1.《元宇宙：开启未来虚拟世界的无限可能》

2.《探秘元宇宙：是幻想还是即将到来的现实？》

3.《元宇宙热潮：颠覆传统的全新维度》

4.《解码元宇宙：机遇与挑战并存的虚拟领域》

5.《元宇宙来袭：如何重塑我们的生活与社交？》

6.《走进元宇宙：探索未知的数字边疆》

7.《元宇宙风暴：引领科技与创意的融合浪潮》

8.《元宇宙时代：财富密码还是泡沫幻影？》

9.《突破现实边界，元宇宙的奇幻之旅》

10.《元宇宙：构建人类的第二生存空间？》

这些标题文案紧扣"元宇宙"这一热点话题，从不同角度切入，如元宇宙的未来可能性、现实性、对传统的颠覆、带来的机遇与挑战、对生活社交的影响、未知的探索空间、科技与创意融合趋势、财富机遇，以及元宇宙对人类生存空间的构建等，能够吸引对元宇宙感兴趣的受众，引发他们的关注和思考。同时，标题的表述兼具吸引力和引导性，有助于提高内容的关注度和传播度。

2.2.4 反差型标题文案

反差型标题文案通过对比或反差制造出乎意料的效果，吸引观众的注意力。这类标题通常能够打破观众的常规思维，让他们感到惊讶或好奇。

以下是反差型标题文案的生成操作，问答内容如下所示。

Q 以"怎么用不起眼的食材，做出美味佳肴"为话题，提供10个反差型标题文案。

A 以下是 10 个关于该话题的反差型标题文案：

1.《从"灰姑娘"食材到"公主"美味：烹饪魔法揭秘》

2.《平凡食材的非凡逆袭：美味诞生记》

3.《被遗忘的食材，惊艳味蕾的奇迹》

4.《不起眼食材的华丽转身：舌尖上的惊喜》

5.《"丑小鸭"食材的"白天鹅"盛宴》

6.《从无人问津到万人追捧：平凡食材的美味之旅》

7.《被冷落食材的高光时刻：美味新境界》

8.《丑小鸭食材的天鹅湖盛宴：味觉传奇》

9.《平凡食材的惊天美味：打破常规的烹饪之旅》

10.《被忽视的食材，成为餐桌上的璀璨明星》

这些标题文案通过运用 "灰姑娘" 与 "公主"、"丑小鸭" 与 "白天鹅"、"平凡" 与 "非凡"、"被遗忘" 与 "惊艳"、"被冷落" 与 "高光时刻"、"被忽视" 与 "璀璨明星" 等反差元素，突出了 "用不起眼的食材，做出美味佳肴" 这一主题，激发读者的好奇心，让他们想要了解这些看似普通的食材是如何化作令人赞叹的美味佳肴的，从而激发他们对相关内容的兴趣和关注。

2.2.5 故事型标题文案

故事型标题文案通常用故事化的语言描述视频内容，引发观众的情感共鸣，这类标题通常能够激发观众的好奇心，让他们想要了解故事的全貌。

以下是故事型标题文案的生成操作，问答内容如下所示。

Q 以 "流浪街头的英雄" 为话题，提供10个故事型标题文案。

A 以下是 10 个以 "流浪街头的英雄" 为话题的故事型标题文案：

1.《街头的孤影：被遗忘的英雄传奇》

2.《流浪之旅：英雄在市井中的坚守》

3.《街头英雄的落寞岁月》

4.《从荣耀到流浪：一位英雄的沉浮人生》

5.《城市角落的英雄泪》

6.《流浪街头，英雄的心未曾冷却》

7.《被时光抛弃的街头英雄》

8.《英雄的流浪：在黑暗中寻找光明》

9.《街头的迷途英雄：失落与重生》

10.《流浪，是英雄的另一种征程》

这些标题文案紧扣 "流浪街头的英雄" 这一话题，通过 "孤影" "落寞岁月" "沉浮人生" "英雄泪" "迷途" 等词，营造出一种充满故事感和沧桑感的氛围，引发读者对流浪街头的英雄背后故事的好奇与遐想，想知道他们经历了什么，为何会流浪街头，又有着怎样不为人知的传奇事迹与心路历程，从而吸引读者深入了解相关内容。

第3章

AI创作文案：

把控观众心弦

本章要点

随着人工智能的发展，文案创作领域迎来了前所未有的变革与机遇。面对AI时代的冲击，掌握与AI对话的技巧，已成为文案创作的关键。本章将深入探索智能算法带来的强大生产力，对文案生成、优化技巧、开场文案、叙述结构等多个环节进行详细剖析，充分挖掘人工智能的潜力，进而提升创作者的语言表现力和内容生产效率，开启人机协同创作的创作新赛道。

3.1 与豆包对话：文案生成和优化技巧

在使用豆包创作文案内容时，先是根据需要生成文案内容，再根据实际情况对生成结果进行优化。整个过程要求准确提取文案所需关键信息，并在优化环节与豆包进行有效对话。

3.1.1 输入关键信息和指令

明确关键信息

在和豆包对话时，首先要明确自己的内容主题，就像在茫茫大海中确定一个目标岛屿一样，为对话确立明确的方向。明确主题有助于豆包更精准地回答问题，让整个表达过程拥有中心焦点。例如："写一篇日常小吃的美食文案。"这种表达，信息就过于宽泛；而"写一篇成都街头小吃的美食文案。"这种给出具体方向的提问，得到的回答会更精准、有效。问答内容如下所示。

Q 写一篇成都街头小吃的美食文案。

A 以下是一篇关于成都街头小吃的美食文案。

成都，一座弥漫着麻辣鲜香气息的城市，街头巷尾的小吃摊，宛如一个个诱人的美食宝藏。

走进成都的街头，首先映入眼帘的是那热气腾腾的龙抄手。薄如蝉翼的面皮包裹着鲜嫩多汁的肉馅，在精心调制的汤汁中轻轻荡漾。一口咬下去，汤汁四溢，舌尖瞬间被那浓郁的鲜香所占据。

再看那一串串色泽红亮的麻辣兔头，辣椒与香料的完美融合，赋予了它独特的魅力。双手轻轻掰开，鲜嫩的兔肉暴露无遗，入口麻辣过瘾，让人欲罢不能。

蛋烘糕也是成都街头的一绝。金黄酥脆的外皮，搭配上丰富多样的内馅，无论是甜蜜的巧克力、奶油，还是咸香的肉松、榨菜，每一种组合都能给味蕾带来意想不到的惊喜。

还有那软糯香甜的糖油果子，在热油中翻滚后变得金黄酥脆，表面均匀地裹着一层薄薄的糖衣，咬一口，香甜的味道在口中散开，仿佛把幸福都吃进了嘴里。

冰粉则是解辣的最佳伴侣。晶莹别透的冰粉上铺满了果仁、水果和红糖，入口冰凉爽滑，瞬间熄灭了舌尖上的火辣。

成都的街头小吃，不仅是美食，更是一种生活态度。它们承载着成都人的热情与豪爽，也传递着这座城市独特的文化韵味。在这里，每一口小吃都是一次味蕾的狂欢，每一次品尝都是对成都美食的深深眷恋。让我们一起迷失在成都街头的小吃世界里，感受那份独有的麻辣与甜蜜。

加入限制条件

在进行内容描述时，加入限制条件可以有效提升回答的效率和精准度，避免无关信息掺杂其中。常见的限制条件包括时间范围、区域范围、特定人群、具体条件等。

例如，"围绕冬季的长白山写一篇科普解说文案，要求500字以内。"这里的区域范围就是"长白山"，时间范围就是"冬季"，具体条件就是"500字以内"。明确这些限制条件后，豆包便能结合位置、需求等因素给出准确回答。问答内容如下所示。

Q 围绕冬季的长白山写一篇科普解说文案，要求500字以内。

A 以下是一篇围绕冬季长白山的500字以内科普解说文案：

冬季的长白山，宛如一个梦幻的冰雪王国。

长白山是一座休眠火山，其主峰终年被皑皑白雪覆盖，在阳光照耀下闪耀着神秘的光芒。冬季长白山平均气温低至零下20℃以下，严寒造就了独特的景观。

这里的雪质极佳，松软而洁白。厚厚的积雪堆积成壮观的雪岭，仿佛大地穿上了银装。长白山的天池在冬季更显宁静与神秘，被冰封的湖面如同一面巨大的镜子。

长白山冬季的植被也有独特之处。耐寒的岳桦林在寒风中挺立，形态各异。高山苔原带则变成了一片白色的世界。

此外，长白山的温泉也是一大特色。在冰天雪地中，热气腾腾的温泉水从地下涌出，周围是一片冰雪，形成了冰火两重天的奇妙景象。温泉水中富含多种矿物质，对人体健康有益。

冬季来长白山，还可能欣赏到雾凇。低温和充足的水汽使得树枝挂满冰晶，宛如玉树琼花，美不胜收。

但冬季前往长白山也要做好充分准备，注意保暖和安全。总之，冬季的长白山以其独特的冰雪魅力，吸引着众多游客和探险者前来感受大自然的神奇。

给出具体指令

给出具体指令的提问，有助于豆包快速分析需求，减少模糊和含有歧义的回答结果。具体执行方法是：明确问题核心，减少修饰词，表达结构简单，列出关键点。

例如，若想让短视频开头更吸引人，可以直接提问"如何在短视频开头快速吸引观众注意力？"，而不是"我最近在弄短视频，但是总觉得不太好，也不知道哪里不好，想问问大家该怎么办呢？"。

再如，"请推荐10首适用于抒情讲述的背景音乐。"要比"我在做短视频，需要一些背景音乐，我该怎么选择呢？"更容易理解，能避免回答内容产生误解或者偏离主题。问答内容如下所示。

Q 请推荐10首适用于抒情讲述的背景音乐。

A 以下是 10 首适用于抒情讲述的背景音乐：

1.《River Flows In You》－ Yiruma

2.《神秘园之歌》（Song From A Secret Garden）－ Secret Garden

3.《故乡的原风景》－ 宗次郎

4.《风居住的街道》－ 矶村由纪子

5.《月光边境》－ 林海

6.《雨的印记》（Kiss The Rain）－ Yiruma

7.《雪之梦》（Snowdreams）－ Bandari

8.《安妮的仙境》（Annie's Wonderland）－ Bandari

9.《秋日私语》－ Richard Clayderman

10.《天空之城》（伴随着你）－ 久石让

3.1.2 在沟通中优化文案

在生成短视频文案的过程中，与豆包进行多次沟通是优化文案的关键。通过逐步深入的交流，让生成的文案更符合我们的需求和期望。

在豆包给出初始文案后，我们需要仔细阅读，随后明确且具体地指出改进方向。例如，如果觉得文案的语言不够生动，可以告诉豆包"文案的语言可以更活泼一些，多运用形象的比喻和拟人手法"。

在沟通时，可以提供一些参考案例或优秀文案的特点，有助于豆包更好地理解我们的期望。同时，要根据豆包的回应持续进行调整和反馈。

下面是生成一篇关于"古老的边陲小镇"短视频文案时，与豆包沟通的过程。

步骤01在豆包中输入："生成一篇关于'西北地区边陲小镇——塔城'的文案，要求有历史的厚重感，故事感，500字以内。"，问答内容如下所示。

Q 生成一篇关于"西北地区边陲小镇——塔城"的文案，要求有历史的厚重感，故事感，500字以内。

A 以下是为您生成的关于"西北地区边陲小镇——塔城"的文案：

在祖国西北边陲，有一座宁静而神秘的小镇——塔城。

岁月的长河在这里缓缓流淌，诉说着古老的故事。塔城，作为昔日丝绸之路北道上的重要驿站，见证了无数商旅的匆匆脚步和文化的交融碰撞。

古旧的城墙，仿佛还残留着往昔的硝烟与烽火。在那动荡的年代，它守护着一方安宁。

在街头巷尾，老人们讲述着过去的传奇。据说，曾有一位勇敢的牧民，为了保护家乡的羊群，与恶狼展开了殊死搏斗。最终，他的壮举化作了塔城人民坚韧不拔的精神图腾。

塔城的风，吹过草原，吹过麦田，带着历史的厚重。古老的寺庙里钟声悠悠，仿佛在祈祷着这片土地的祥和。

如今，塔城依然保持着那份淳朴与宁静。人们在这里繁衍生息，传承着先辈的智慧和勇气。这座边陲小镇，宛如一颗璀璨的明珠，镶嵌在西北大地上，散发着独特的魅力，等待更多的人来倾听它的故事。

步骤02在豆包中输入："可以加入与该地区有关的人物展开描述，字数可以适当增加。"，问答内容如下所示。

Q 可以加入与该地区有关的人物展开描述，字数可以适当增加。

A 以下是为您重新生成的关于"西北地区边陲小镇——塔城"的文案：

在祖国西北边陲，有一座充满魅力的小镇——塔城。

岁月悠悠，塔城见证了无数的风云变幻。曾经，这里是丝绸之路北道上的重要驿站，无数商旅在此留下足迹，不同文化在此交融共生。

在塔城的历史长河中，牧民阿不力孜的故事代代相传。他自幼生长在这片广袤的草原，对家乡的一草一木都饱含深情。每当有狼群威胁羊群，他总是毫不犹豫地挺身而出，守护着大家的生计。他的勇敢和坚毅，不仅成了塔城人民口口相传的佳话，也激励着一代又一代的塔城人勇敢面对生活的挑战。

还有一位叫古丽娅的姑娘，她心灵手巧、擅长刺绣。她将塔城的美景、民俗，一针一线地绣进作品中，让更多人了解到塔城的独特魅力。古丽娅的刺绣作品不仅在当地备受赞誉，还走向了更广阔的天地，成为塔城的文化名片。

古老的城墙依然屹立，仿佛在诉说着过去的辉煌与沧桑。街头巷尾，老人们讲述着先辈们的传奇故事。那座历经风雨的寺庙里传出钟声悠悠，承载着人们对美好生活的祈愿。

如今，塔城依然保持着那份淳朴与宁静。人们在这里辛勤劳作，传承着先辈的智慧和勇气。这座边陲小镇，宛如一颗璀璨的明珠，镶嵌在西北大地上，散发着独特的魅力，等待更多的人来探寻它的奥秘，倾听它的故事。

步骤03在豆包中输入："以古丽娅姑娘为主线，需要有神秘感和情节推动，同时结合现实情况，写一篇有吸引力的历史故事。"，问答内容如下所示。

Q 以古丽娅姑娘为主线，需要有神秘感和情节推动，同时结合现实情况，写一篇有吸引力的历史故事。

A 以下是一篇以古丽娅姑娘为主线的关于塔城的历史故事：

在遥远的西北边陲小镇塔城，有一位名叫古丽娅的姑娘。她出生在一个普通的牧民家庭，双眼却透着与众不同的灵动与神秘。

古丽娅自幼对塔城古老的传说和历史充满好奇。每当夜幕降临，她总会坐在草原上仰望星空，想象着先辈们的英勇事迹。

传说中，塔城有一处藏着神秘的宝藏，其中包含这片土地的秘密和力量。古丽娅在一次偶然的机会下，发现了一本古老的羊皮书卷，上面似乎记载着关于宝藏的线索。

为了探寻真相，古丽娅踏上了充满未知的旅程。她穿越荒芜的沙漠，翻过险峻的山脉，一路上遭遇了狂风暴雨和恶狼的袭击，但她心中的信念从未动摇。

在一处偏僻的山谷，古丽娅遇到了一位神秘的老者。老者看重她的执着和勇气，给予了她关键的指引。

终于，古丽娅找到了传说中的藏宝地。然而，宝藏并非金银财宝，而是一部记载着塔城悠久历史和文化传承的宝典。

古丽娅带着宝典回到家乡，将其中的知识分享给众人，让塔城的文化得以更好地传承和发展。

如今的塔城，在现代文明的浪潮中，依然坚守着那份独特的历史韵味。而古丽娅的故事，已然成为塔城人心中永恒的传奇，激励着每一个塔城人勇敢地追寻自己的梦想，守护这片土地的历史与未来。

步骤04 在豆包中输入："将塔城的著名景点和故事相结合，展现塔城的旅游价值，要求突出历史感、神秘感和边陲风光。"通过与豆包的逐步沟通，对生成内容进行反复提炼和引导，最终得到一篇兼具有故事感和历史感的塔城文旅宣传文案，问答内容如下所示。

Q 将塔城的著名景点和故事相结合，展现塔城的旅游价值，要求突出历史感、神秘感和边陲风光。

A 以下是结合塔城著名景点与古丽娅的故事，展现塔城旅游价值的文案：
在西北边陲的塔城，有一位勇敢而聪慧的姑娘古丽娅，她的传奇故事为这片土地增添了无尽的神秘色彩。

塔城的红楼，这座充满俄式风情的建筑，见证了历史的沧桑变迁。据说，古丽娅曾在一个月夜潜入红楼，寻找一本失落的古籍，那里面记载着塔城古老的秘密。

双塔公园内，两座高耸的古塔仿佛是时间的守护者。传说古丽娅在这里得到了神秘的启示，指引她踏上寻找宝藏的征程。宝藏的线索就隐藏在双塔的阴影与月光交织之处。

还有那辽阔的库鲁斯台草原，如一片一望无际的绿色海洋。古丽娅曾在这片草原上遭遇狂风骤雨，但也邂逅了一位神秘的牧马人，他为古丽娅指出了前进的方向。

来到塔城，你仿佛能听到古丽娅的脚步声在塔尔巴哈台山间回荡。登上山顶，俯瞰边陲风光，大自然的雄伟与壮丽令人震撼。

塔城的手风琴博物馆也是旅途中不可错过的一站，那里陈列的手风琴仿佛演奏着古丽娅的冒险之歌。

塔城这座边陲小镇，既有历史的厚重，又有神秘的传说，还有壮丽的自然风光。它等待着您来揭开那神秘的面纱，开启属于您的独特之旅。

3.2 6类视频开场文案

在文案写作中，文案的开头是吸引观众注意力、确定视频基调、激发观众兴趣的关键所在。一个精心设计的开场不仅能够快速抓住观众的眼球，还能为后续内容做铺垫，提高视频的完播率。

3.2.1 引用经典式开场文案

引用经典式开场文案是指引用文化、历史、文学等领域中具有深远影响力和广泛认知度的名言警句、诗词歌赋、典故传说等。通过这种方式，可以增强内容的权威性，使文案中的观点更说服力；同时，还可以快速与观众的认知达成同频，建立情感连接，引发共鸣。

下面是引用经典式开场文案的生成操作，问答内容如下所示。

Q 请以引用经典的方式，写两段分别以"爱情"和"宇宙奥秘"为主题的短视频文案开场。

A 以下是为您生成的分别以 "爱情" 和 "宇宙奥秘" 为主题的短视频文

案开场：

爱情主题：

"问世间，情为何物，直教生死相许。" 爱情，这一古老而永恒的主题，如同一束璀璨的光芒，照亮了人类心灵的深处。从古至今，无数的文人墨客、痴男怨女都为它倾倒，为它沉醉。今天，让我们一同踏上这充满浪漫与感动的爱情之旅，去探寻那深藏在灵魂之中的爱的真谛。

宇宙奥秘主题：

"天高地迥，觉宇宙之无穷。" 宇宙，那无尽的深邃与神秘，始终吸引着人类好奇的目光。从古老的占星术到现代的太空探索，我们从未停止过对这片广袤未知的追寻。此刻，让我们勇敢地投身于这浩瀚的宇宙奥秘之中，去揭开那隐藏在星辰背后的神秘面纱。

3.2.2 直入主题式开场文案

直入主题式开场文案直接阐述视频的核心内容和目的，不绕弯子，保证讲解内容的纯粹性。这种开场方式能够迅速吸引观众的注意力，避免冗长的前奏导致观众流失，适合信息密度大、时效性强的视频。

下面是直入主题式开场文案的生成操作，问答内容如下所示。

Q 请以直入主题的方式，写两段分别以"财经新闻"和"美妆产品"为主题的短视频文案开场。

A 以下是两段分别以 "财经新闻" 和 "美妆产品" 为主题的直入主题式开场短视频文案：

"财经新闻"主题：

"今天，我们将为您直击最新的财经动态！全球股市动荡，美联储加息预期升温，这将对各国经济产生怎样的连锁反应？国内房地产市场调控政策频出，房价走势何去何从？企业财报季来临，哪些行业巨头能交出亮眼成绩单？现在，让我们一同深入剖析这些关键的财经信息！"

"美妆产品" 主题：

"今天，为您带来最新最火的美妆产品大揭秘！一款神奇的粉底液，能够 24 小时持妆不脱妆，到底是真是假？全新上市的眼影盘，色彩搭配惊艳众人，使用效果究竟如何？还有备受期待的口红新品，据说滋润度和显色度堪称一绝，事实是否如此？马上为您一一揭晓！"

3.2.3 故事讲解式开场文案

故事讲解式开场文案以讲述一个具有情节的故事作为开篇，通过故事中的人物、剧情和冲突吸引观众的注意力。优秀的故事开场要有情节的起伏跌宕，避免过于平淡，同时，还要确保故事与视频的主题紧密相关，能够自然地衔接到后续的核心内容。

下面是故事讲解式开场文案的生成操作，问答内容如下所示。

Q 请以故事讲解的方式，写一段以"民间艺术传承"为主题的短视频文案开场。

A 曾经，在一个宁静的小山村里，住着一位名叫老张的手艺人。老张的家族世代传承着一门独特的民间艺术——木雕。

老张从小就跟在父亲身边，看着父亲手中的刻刀在木头上翻飞，一个个栩栩如生的形象便逐渐显现出来。那时候，他就暗下决心，一定要将这门手艺学好、传承下去。

时光流转，小山村渐渐受到了外界的影响。村里的年轻人纷纷外出打工，追求更现代化的生活。老张却始终坚守着那间小小的工作室，日复一日地雕琢着他心爱的木头。

然而，随着岁月的流逝，老张发现愿意学习这门木雕技艺的人越来越少。他常常在夜晚独自对着满屋的木雕作品叹息，担心这门凝聚了家族数代人心血的民间艺术会就此失传。

直到有一天，一个背着行囊的年轻女孩偶然路过这个小山村。她被老张工作室里精美的木雕作品深深吸引，走进了老张的世界。这个女孩的出现，会给老张和他所珍视的木雕艺术传承带来怎样的转机呢？

3.2.4 抛出问题式开场文案

抛出问题式开场文案在视频开头提出一个具有启发性、争议性或令人深思的问题，促使观众主动思考，调动观众的活跃度，从而给出评论或留言，提升视频的互动性和参与度。

下面是抛出问题式开场文案的生成操作，问答内容如下所示。

Q 请以抛出问题的方式，写一段以"家居收纳"为主题的短视频文案开场。

A 您是否常常为家里堆满杂物而感到烦恼？是否每次找东西都像一场漫长的寻宝之旅？是否觉得空间越来越小，生活越来越局促？明明房子不算小，可为什么总感觉没有足够的地方放置物品？您有没有想过，也许只是因为您还没有掌握家居收纳的秘诀？今天，就让我们一起来探索家居收纳的神奇世界，为您的家找回宽敞与整洁！

3.2.5 情景假设式开场文案

情景假设式开场文案通过构建一个想象中的情景，引导观众在脑海中设想自己身处其中的感受，使观众能够身临其境地感受到虚拟情景营造的氛围，实现与视频内容产生情感共鸣和建立联系的目的。

下面是情景假设式开场文案的生成操作，问答内容如下所示。

Q 请以情景假设的方式，写一段以"时间管理"为主题的短视频文案开场。

A 假如明天就是世界末日，而您还有 24 小时的时间可以自由支配，您会如何安排这宝贵的每一分、每一秒？是选择与亲人朋友紧紧相拥，倾诉那些未曾说出口的爱与感激？还是独自一人，在宁静中反思过往的人生？又或者是疯狂地去实现那些被搁置已久的梦想？

其实，我们无需等到世界末日的来临才去思考时间的珍贵。在我们看似漫长的人生旅途中，时间也如流沙般从指缝间悄然溜走。每一天，每一刻，都是我们无法重来的瞬间。然而，您是否常常感到时间不够用，任务堆积如山，生活忙乱无序？

现在，让我们一同踏上时间管理的探索之旅，去寻找掌控时间、主宰生活的秘诀！

3.2.6 热点新闻式开场文案

热点新闻式开场文案以当下热门的新闻事件、社会话题或流行趋势作为切入点，吸引观众的注意力和关注度，让观众感受到视频内容与自己的生活息息相关，从而提高观看的兴趣。

下面是热点新闻式开场文案的生成操作，问答内容如下所示。

Q 请以热点新闻的方式，写一段以"人工智能在医疗领域的应用"为主题的短视频文案开场。

A 最近，医疗界被一则重大新闻震动！人工智能在医疗领域的应用取得了突破性的进展，引发了全球医疗行业的高度关注。就在前不久，一家知名医院成功利用人工智能技术完成了一系列复杂的手术辅助操作，大大提高了手术的成功率和精准度。在对抗疾病的战场上，人工智能如同一位强大的新战友，正以惊人的速度改变着医疗的格局。从疾病的早期诊断到个性化的治疗方案制定，人工智能究竟是如何发挥其神奇作用的？今天，就让我们一起走进人工智能在医疗领域的精彩应用之旅！

3.3 5类文案叙述结构

不同的叙述结构对观众获取信息的效果有着显著影响，叙述结构能够决定观众的思维路径。本节将介绍5种短视频文案常用的叙述结构，包括总分总式结构、逻辑递进结构、平行并列结构、时间顺序结构和故事叙述结构。

3.3.1 总分总式结构

总分总式结构是一种层次分明、逻辑严谨的叙述方式，首先在开头对整体内容进行概括，为观众勾勒出大致的认知框架；中间部分详细展开，通过多方论述和分析来支撑开头的观点；结尾部分对全文进行总结和升华，给读者留下深刻的印象。

下面是总分总式结构的生成操作，问答内容如下所示。

Q 以"阅读的重要性"为话题，用总分总式结构生成一段短视频文案。

A 阅读：点亮智慧人生的火炬

在快节奏的现代社会，阅读的重要性不容小觑，它如同一把神奇的火炬，为我们照亮前行的道路，开启智慧与心灵的无限可能。

阅读是知识积累的宝藏。各类书籍犹如繁星点点，汇聚成浩瀚的知识宇宙。从古老的诗词歌赋到前沿的科学研究，从奇幻的文学故事到严谨的历史传记，每一本书都是作者心血的凝结。通过阅读，我们可以了解不同文化的魅力、科学发展的脉络、人类社会的变迁，在字里行间汲取无尽的知识养分，丰富自己的认知体系，构建起坚实的知识大厦。

阅读是心灵慰藉的港湾。当我们在生活中遭遇挫折与烦恼，一本好书便能成为心灵的避风港。沉浸在书中的世界，我们可以与主人公一同经历冒险、战胜困难，感受他们的喜怒哀乐，从而忘却自身的疲惫与困扰。那些温暖的文字、动人的情节，如涓涓细流般滋润心田，让我们的心灵得到舒缓与治愈，重拾面对生活的勇气与信心。

阅读是思维拓展的翅膀。它激发我们的思考力与创造力，让我们突破思维的局限。不同的书籍带来不同的视角与观点，促使我们去分析、去质疑、去探索。在阅读中，我们学会从多角度看待问题，在思想的天空中自由翱翔，不断挖掘自身的潜力，提升思维的敏捷性与深度，为个人的成长与发展注入强大动力。

总之，阅读在我们的生命中扮演着极为关键的角色。它是知识的源泉、心灵的寄托、思维的启迪，引领我们穿越迷茫，走向智慧与成熟的彼岸，让我们的人生因阅读而熠熠生辉。

3.3.2 逻辑递进结构

逻辑递进结构是一种按照事物内在逻辑关系层层推进的叙述方式，通常按照从简单到复杂、从表面到本质的顺序进行阐述，每个环节紧密相连，前一部分是后一部分的基础，后一部分是前一部分的延伸。通过这种逐步深入的方式，可以让观众对主题有更深刻的认识和思考。

下面是逻辑递进文案结构的生成操作，问答内容如下所示。

Q 以"七分饱的饮食理念"为话题，用逻辑推进结构生成一段短视频文案。

A 七分饱：通往健康与活力的饮食秘诀

在美食琳琅满目的当下，你可曾思考过一种能让身体与味蕾和谐共生的饮食理念？那便是七分饱。

首先，让我们了解一下什么是七分饱。当进食时，起初饥饿驱使我们尽情享受食物的美味，然而随着进食的推进，胃部逐渐有了充实感，对食物的渴望不再那么强烈，此时若能停止进食，便是达到了七分饱的状态。这并非是一种刻意的节食，而是一种敏锐感知身体信号的智慧。

接着，谈谈七分饱给身体带来的奇妙变化。对于肠胃而言，它减轻了消化的压力。肠胃不再需要超负荷运转去处理过多的食物，消化液能更高效地分解食物，营养吸收也更为充分。长此以往，能有效预防肠胃疾病，如胃炎、胃溃疡等。从身体代谢角度看，七分饱避免了过多热量的摄入转化为脂肪堆积。身体的能量代谢得以平衡，血脂、血糖更易维持在健康水平，大大降低了患糖尿病、心血管疾病的风险。

再深入到对生活品质的提升。坚持七分饱，能让我们在饭后保持清醒的头脑和充沛的精力。不会因过度进食而陷入昏沉，无论是工作还是学习，效率都能显著提高。而且，这种饮食方式有助于我们养成自律的生活习惯，对其他方面的自我管理也会产生积极的影响。

最后，让我们将七分饱的理念融入日常生活。从每一餐开始，学会倾听身体的声音，放下手中的碗筷，告别过度饮食的负担。让七分饱成为我们健康生活的基石，开启一段充满活力与轻盈的美好旅程，在享受美食的同时，收获健康与幸福的人生。

3.3.3 平行并列结构

平行并列结构是将多个彼此独立但又相互关联的内容或观点，以平行的方式同时呈现的叙述方式。在这种结构中，每个部分都从不同的角度、方面或层次来阐述主题，它们的地位平等，没有明显的主次之分。

下面是平行并列文案结构的生成操作，问答内容如下所示。

Q 以"健身运动"为话题，用平行并列结构生成一段短视频文案。

A 健身运动：塑造更好的自己

健身运动，是一场与自己身体的深度对话，多种方式并行，助你遇见更强大、更健康的自我。

力量训练，为身体筑牢根基。硬拉，双脚与肩同宽，屈膝俯身紧握杠铃，依靠臀腿与腰背力量将杠铃拉起，能全面激活下半身及背部肌群，让你拥有坚实有力的后腰与下肢，轻松应对生活中的各种体力挑战。卧推时，平躺在凳上，双手推起杠铃，胸肌在压力与伸展间得到极致锻炼，塑造出饱满有型的胸部轮廓，彰显自信与力量。

有氧训练，是活力的源泉。动感单车课上，跟随节奏快速踩踏踏板，在激情音乐中挥洒汗水，高效燃烧卡路里，心肺功能在持续运动中得到强化，耐力逐步提升。而户外长跑，迎着微风，每一步都是对自己的挑战与突破，在一呼一吸间感受身体的律动，使全身脂肪加速燃烧，体态愈发轻盈矫健。

柔韧性训练，赋予身体灵动之美。瑜伽的猫牛式，脊柱在弓背与伸展间灵活变换，有效舒缓背部紧张，增加脊柱柔韧性。还有劈叉练习，无论是横叉还是竖叉，都能深度拉伸腿部韧带与肌肉，让身体线条更加修长优美，关节活动范围得以扩大，减少受伤风险，提升身体整体的协调性与平衡感。

在健身运动的世界里，力量训练、有氧训练与柔韧性训练各自精彩，又相辅相成。将它们融入日常锻炼，持之以恒，定能雕琢出理想的身材，收获充沛的精力与积极向上的生活态度，开启活力无限的人生新篇。

3.3.4 时间顺序结构

按照时间顺序进行叙事，是一种常用于记录日常生活短视频的叙述方式。观众喜欢跟随时间线，了解某一天或特定时间段内的生活片段，感受真实的生活节奏。这种结构有助于观众理解和记忆视频内容，减少认知负担。

下面是时间顺序文案结构的生成操作，问答内容如下所示。

Q 以"上山采药的一天"为话题，用时间顺序的结构生成一段短视频文案。

A 上山采药：山林中的寻觅与收获

天刚蒙蒙亮，我就踏上了上山采药的路途。山路有些崎岖，我深一脚浅一脚地走着，心里满是对今天收获的期待。

到了山腰，阳光才慢慢洒下来。我开始留意周围的植物，不久便看到了几株柴胡。它们的叶子细长，茎干直立。我蹲下身子，用小铲子小心地挖着，尽量不伤到它的根。挖好后，轻轻抖落泥土，放进背篓里，心里有了一丝踏实感，这是今天的第一个成果。

随着太阳升高，天气渐渐热了起来。在一片树林边，我发现了一些蒲公英。它们顶着毛茸茸的脑袋，在微风中轻轻晃动。我摘下一朵，轻轻一吹，那些白色的小伞便飘向远方。当然，我也采了些带根的蒲公英，这对清热去火可有不少好处。

中午，找了个平坦的地方坐下休息，吃了点干粮，喝了几口水。周围很安静，只有偶尔的鸟叫声和风吹树叶的沙沙声。

下午继续出发，在一处山坡的草丛里，我发现了几株野生的黄芪。它们的植株比较高大，根却深深地扎在土里。我费了好大的劲才把它们完整地挖出来，手上都磨出了点茧子，但看着黄芪，觉得这辛苦也值得。

太阳慢慢西斜，我也准备下山了。背篓里装着各种草药，虽然身体有些疲惫，但心里满是欢喜。这一天在山上，经历了寻找的焦急、收获的喜悦，也感受到了山林的宁静与包容。这不仅仅是采药，更是与大自然的一次亲密对话，这些草药带着山林的气息，也将被用来帮助更多的人。

3.3.5 故事叙述结构

故事叙述结构是以讲述一个完整的故事为核心，通过情节的展开、人物的塑造和冲突的解决来传达信息和表达观点的结构形式。

下面是故事叙述文案结构的生成操作，问答内容如下所示。

Q 以"我和闺蜜的误会"为话题，用故事叙述结构生成一段短视频文案。

A 破茧：我和闺蜜的误会终消散

那是个平常的午后，阳光透过树叶的缝隙洒在地上，形成一片片斑驳的光影。我和闺蜜约好一起去新开的甜品店。

在甜品店中，人不算多。我看到角落有个空位，便径直走过去坐下，然后兴奋地跟闺蜜发消息说我到了，位置在角落。等了好一会儿，没见她来，却收到她带着怒火的质问："你在哪儿呢？我都找半天了！" 我赶忙起身四处张望，这才发现，原来这家甜品店有两层，而我在二楼，她在一楼。

我匆匆下楼，看到她满脸的不悦。我刚想解释，她却转身就走，我急忙追上去，一路上她都不理我。回到家后，我心里很不是滋味，想着这么点小事，她为何发这么大脾气。

过了几天，我在整理东西时，看到了我们之前一起旅行拍的照片，那些快乐的回忆涌上心头。我意识到，也许她那天是遇到了别的烦心事，而我这个误会让她更加难过了。

我决定主动去化解这个误会。我去买了她最爱吃的点心，来到她家。当她开门看到我时，眼神里有些惊讶。我鼓起勇气说："那天是我不好，没说清楚位置，我知道你可能还有别的烦心事，别生我气了。" 她的眼眶红了，说："其实我那天是被老板骂了，心情很差，不该对你发脾气的。"

那一刻，我们相视而笑，阳光洒在我们身上，仿佛为我们的友谊镀上了一层金色。曾经的误会就像一阵风，吹过之后，留下的是更加牢固的情谊。

第4章

即梦AI作图：
开启AI创作的视觉盛宴

本章要点

本章我们将探索即梦AI在图像创作领域的强大功能。随着人工
智能的快速发展，AI让每个人都能成为图像创作者。它打破了
传统创作方式的局限性，让一瞬间的灵感变为可视化的图像。
接下来，让我们一起感受这场由人工智能带来的视觉盛宴。

4.1 即梦AI App：随时随地掌间创意

"即梦AI" App，是一款极具创新性的功能强大的应用程序，让瞬间的灵感创意不再受限于时间和地点。用户只需通过文字描述或上传图片，即可生成高质量的图片或视频。

4.1.1 切换生成模式

使用"即梦AI" App时，可以根据需要切换生成模式，选择生成图片或者视频。打开App后，选择导航栏中的"想象"选项，然后点击"扩展"按钮 ，如图4-1所示。在展开的选项中即可选择"图片生成"或"视频生成"，如图4-2所示。

图4-1

图4-2

4.1.2 选择创作模型

在生成图片或视频时，"即梦AI" App有多种创作模型可供选择。不同的模型在特定内容的生成方面各有所长。随着人工智能的持续发展，模型的种类会不断更新，生成内容的精准度也会随之提升。

无论图片模式还是视频模式，点击"设置"按钮 即可打开与之对应的选项设置，如图4-3所示。

图片模型

在图片生成的模式下，可以选择图片2.1、图片2.0 Pro、图片2.0、图片1.4等生图模型，如图4-4所示。

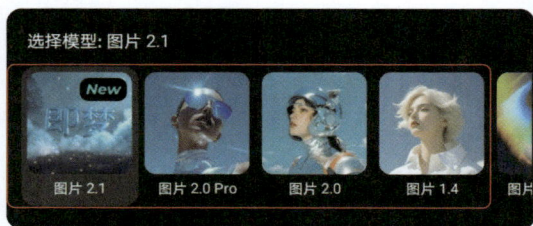

图4-3

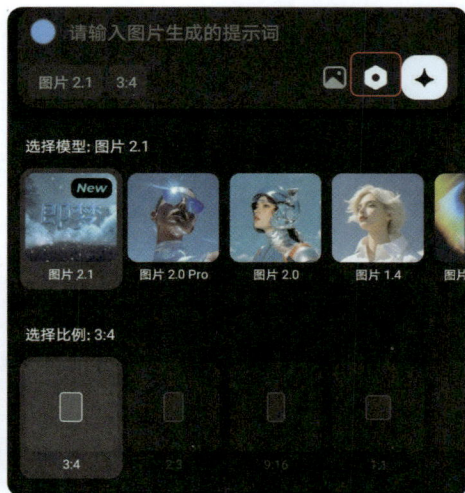

图4-4

视频模型

在视频生成的模式下,可以选择视频
S2.0、视频S2.0 Pro、视频P2.0 Pro
和视频1.2生成模型,如图4-5所示。

图4-5

4.1.3 选择生成比例

在生成图片或视频时,可以根据用途
或展示平台选择适应的画面比例。短视频
社交平台通常是竖屏展示,其比例就是
9:16、3:4等,电脑、电视通常是横屏展
示,其比例就是16:9、21:9等。

点击"设置"按钮 ⬡ 后,即可在"选
择比例"选项中,根据内容需要选择合适
的画面比例,如图4-6所示。

图4-6

4.1.4 上传参考图

无论是生成图片还是视频，都可以用上传参考图的方式为即梦AI提供创作方向和灵感，让AI用参考图中的主体、色彩、构图等元素作为创作基础，进行创新和拓展，从而提升生成内容的精准度。

点击"上传图片"按钮 ，即可在相册中选择图片进行上传，如图4-7所示。

上传参考图后，可以继续在文字输入框中描述生成要求，如图4-8所示。

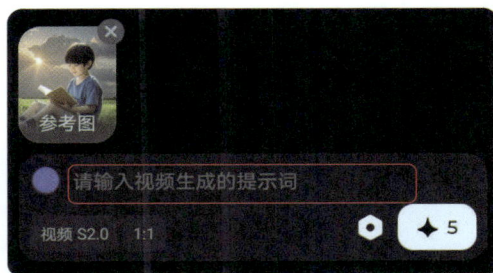

图4-7

图4-8

4.1.5 输入提示词进行创作

输入提示词后，即梦AI可以对描述内容进行分析和理解，并运用其强大的算法和学习能力，生成与之相应的图像。下面是用"即梦AI"App生成图像的操作步骤。

步骤01在"想象"界面点击"扩展"按钮 ，在展开的选项中选择"图片生成"选项，如图4-9所示。

步骤02在文字输入框中输入"卡通版的孙悟空拿着金箍棒，毛茸茸的材质，干净简约的画风，萌宠感觉，高清画质。"提示词，如图4-10所示。

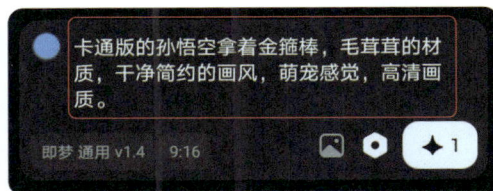

图4-9

图4-10

步骤03生成模型选择"图片2.0 Pro",画面比例选择"9:16",如图4-11所示。

步骤04选项设置完成后,点击"生成"按钮⊞,等待生图完成,如图4-12所示。

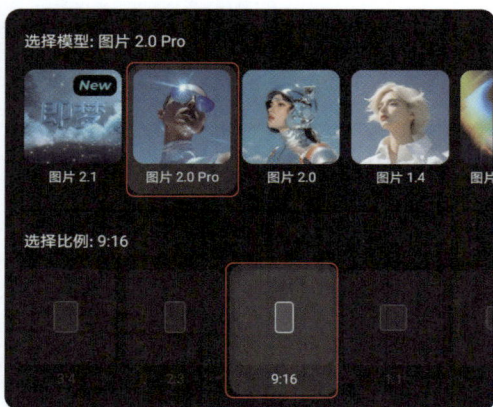

图4-11

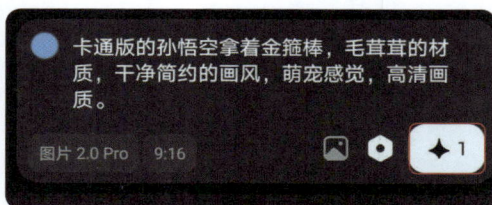

图4-12

步骤05即梦AI一次会生成4张图片,选择其中效果最佳者使用即可,如图4-13所示。

▶ **要点提示**

如果对生成结果不满意,可以重新编辑提示词,例如,添加"武侠风格""背景是大闹天宫的场景"等提示词。如果想要用该提示词生成更多的结果,可以点击"再次生成"选项,重新生成图像。

图4-13

4.2 文生图片:用AI实现图像创作

文生图片是指利用人工智能技术,根据文字描述生成图像的过程。AI通过智能算法捕捉文字描述中的关键信息,并将其转化为可视化图像。文生图片是人工智能在影视行业中基础且核心的关键步骤,图片生成的精准度和可用率直接影响成品内容的制作质量。本节主要介绍文生图片的完整流程,以及各项参数设置的含义。

4.2.1 用描述语生成图像

在即梦AI电脑端的"AI作图"板块中，就可以实现文生图片的操作。下面是使用描述语生成图像内容的完整过程，生成的图像效果如图4-14所示。

步骤01进入即梦AI的首页，在"AI作图"板块中选择"图片生成"选项，如图4-15所示。

图4-14

图4-15

▶ **要点提示**

描述语，也称提示词，其作用是向AI传达图像的特征和要求，一般包含主体、动作、色彩搭配、构图方式、光线、风格氛围等内容。描述语的质量在很大程度上决定了生成图像与用户期望图像的契合程度。

步骤02在左上方的输入框中，输入生成内容的描述语，如图4-16所示。

步骤03单击左下方的"立即生成"按钮，等待生图完成，如图4-17所示。

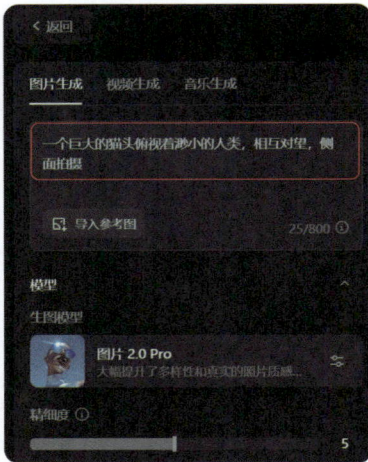

图4-16

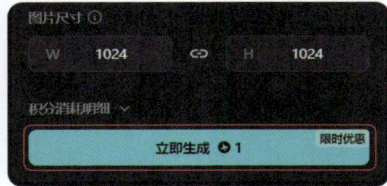

图4-17

步骤04即梦AI会一次生成4张图片，如图4-18所示。

图4-18

步骤05单击图片可以放大画面进行预览，如图4-19所示。

图4-19

需要注意的是，在使用AI生成图像时，即便输入的描述语完全相同，每次生成的图像内容也往往存在差异。这是因为AI图像生成是一个基于复杂算法和随机因素的过程，由于数据的丰富性和复杂性，AI会从不同的角度和范例中汲取灵感，从而导致生成的内容具有不确定性。此外，正是由于每次生成结果不同，用户可通过不断调整描述语或参数，生成超出预期、别具特色的作品。

4.2.2 生图模型解析

在文生图片的背后，是一系列复杂的深度学习模型，它们负责将文字输入转化为图像输出。即梦AI拥有多种生图模型，每种模型都有其独特的算法和训练数据，算法的差异决定了它们在生成图像时的不同侧重方向。

目前，即梦AI包含6种生图模型，分别是不同图片XL Pro、图片1.4影视、图片1.4、图片2.0、图片2.0 Pro和图片2.1，如图4-20所示。下面是各生图模型的详细介绍。

图4-20

图片XL Pro

图片XL Pro是一款高级生图模型，具备出色的精细度和画面细节处理能力，对英文生成能力和参考图的识别方面有一定提升。

图片1.4影视

图片1.4影视生图模型，侧重于处理具有多重叙事和影视风格的画面内容，能够生成更具电影质感和故事感的图像。

图片1.4

图片1.4模型是即梦AI中较为通用的生图模型，在生成摄影写真和插画方面表现出色，能够平衡写实和风格化的需求，适用于多种场景下的图片生成，如人像、风景、静物等。

图片2.0

图片2.0模型是即梦AI中较为先进的生图模型，在处理中文描述和生成高质量图片方面具有明显优势。它侧重于生成具有丰富细节和高度真实感的图片，同时适用于需要高质量图片和个性化定制的各类场景，如艺术创作、商业设计、教育培训等。

图片2.0 Pro

图片2.0 Pro模型在图片2.0模型的基础上进行了进一步的优化和升级，能够生成具有多样性和真实照片质感的图像。它侧重于处理复杂场景和细节丰富的生成任务，适用于对图片质量有较高要求的场景，可使图像生成效果更加自然、流畅和逼真。

图片2.1

图片2.1模型在生图稳定性上有了重大提升，特别是在影视领域，生成的画面具有更强的影视质感。同时，该模型还支持生成中、英文文字。

4.2.3 设置生成图片比例

图片比例不仅决定了画面内容的布局方式和整体视觉观感，还影响着图像在不同平台和应用场景中的展示效果。不同的比例有各自独特的优势和适用范围，因此在生

成图片时，需要根据具体的创作需求和展示目的进行选择。可选的图片比例如图4-21
所示。

图4-21

第5章

即梦AI视频：
演绎惊艳的动态视界

本章要点

本章我们将聚焦于AI视频创作，全面探索这项强大功能背后的应用方式。即梦AI凭借其强大的算法和丰富的功能，正为视频创作者们开启全新的创作模式。本章将从图片生成视频的神奇过程入手，再深入探讨如何仅依靠文字驱动生成精彩的视频内容，逐一揭示即梦AI在视频创作领域的强大功能。通过深入剖析这些功能，让读者充分领略即梦AI的创作魅力。

5.1 图生视频：由静变动的AI奇迹

如何让AI生成的内容精准符合用户预期，是AI创作中的核心问题。通过图片生成视频，是指将图片信息上传至即梦AI，让其在图片的基础上完成视频动态内容的创作。在此过程中，AI会综合考虑图片中的元素、运动规律以及用户的个性化需求，通过智能算法生成符合用户预期的视频，从而显著提升生成内容的准确率。

5.1.1 上传图片生成视频

当上传图片生成视频时，即梦AI会运用先进的图像分析技术，深入理解图片的内容和结构，无论是风景、人像、产品还是静物等类型的图片，系统都会智能识别其中的元素，并赋予这些元素动态的特质。

在即梦AI的"AI视频"板块中，选择"视频生成"选项，即可实现图片生成视频的操作，如图5-1所示。直接上传图片即可完成视频的创作，生成视频的画面效果如图5-2所示。

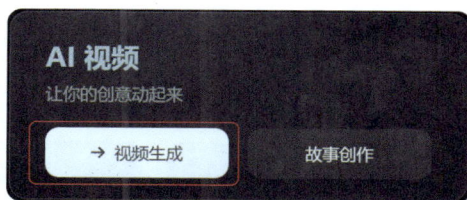

图5-1

下面是图片生成视频的操作步骤。

步骤01进入即梦AI的首页，在"AI视频"板块中选择"视频生成"选项，即可看到"图片生视频"的操作设置，如图5-3所示。

图5-2

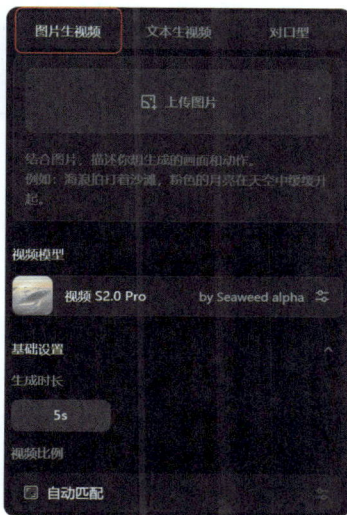

图5-3

步骤02单击"上传图片"选项，在弹出的"打开"对话框中选择"梦幻少女"图片，并单击"打开"按钮，如图5-4所示。

图5-4

步骤03视频模型选择"视频 S2.0"，其他参数保持默认，然后单击"生成视频"按钮，如图5-5所示。

步骤04生成视频的画面效果，如图5-6所示。

图5-5

图5-6

5.1.2 图文结合生成视频

仅依靠图片生成视频，完全是AI基于自身对图片的判断来添加相应的动效，这种方式存在一定的局限性，无法满足个性化和精细化的需求。相比之下，在上传图片的同时配合文字描述来生成视频，就可以对视频中元素的动态变化进行具体描述，弥补了单纯依靠图片生成视频的缺陷，更能满足个性化需求和提升视频创作体验。只需直接上传图片，然后输入相关描述语，即可完成视频生成的创作，生成视频的画面效果如图5-7所示。

图5-7

下面是图文结合生成视频的操作步骤。

步骤01进入即梦AI的首页，在"AI视频"板块中选择"视频生成"选项。在操作页面单击"上传图片"选项，在弹出的"打开"对话框中选择"花生"图片，并单击"打开"按钮，如图5-8所示。

图5-8

步骤02上传图片后，在输入框中输入相关描述语，如图5-9所示。

步骤03视频模型选择"视频 S2.0"，其他参数保持默认，然后单击"生成视频"按钮，如图5-10所示。

步骤04生成视频的画面效果，如图5-11所示。

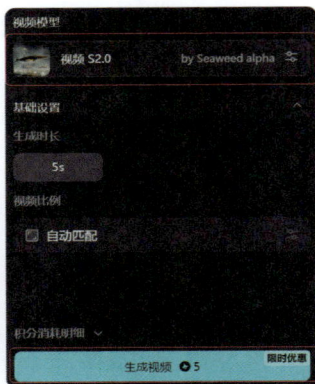

图5-9　　　　　　　　　　　图5-10　　　　　　　　　　　图5-11

5.1.3 视频模型解析

在即梦AI中，视频模型能够深度分析和理解输入的图片、文字等信息，从中提取关键元素和语义。不同的视频模型具备不同的特点和优势，用户可以根据生成内容的特点和风格选择适合的视频模型，以满足不同场景下的视频创作需求。

目前，即梦AI包含4种视频模型，分别是视频1.2、视频 P2.0 Pro、视频 S2.0和视频 S2.0Pro，如图5-12所示。下面是各视频模型的详细介绍。

视频1.2

视频1.2模型的自定义调节程度较高，在生成视频的同时，可以根据需求控制运动路径、运镜方式、运镜速度等，如图5-13所示。视频1.2模型在各方面都有着比较均衡且稳定的表现。

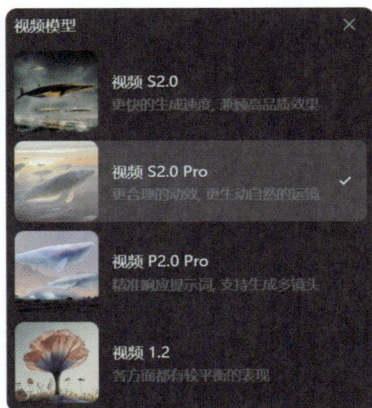

图5-12　　　　　　　　　　　图5-13

视频 P2.0 Pro

视频P2.0 Pro在视频1.2的基础上增加了更多高级动态效果和过渡效果，适用于制作更加复杂、有层次感的视频作品。该模型可以精准响应提示词，支持生成多个镜头内容，如图5-14所示。

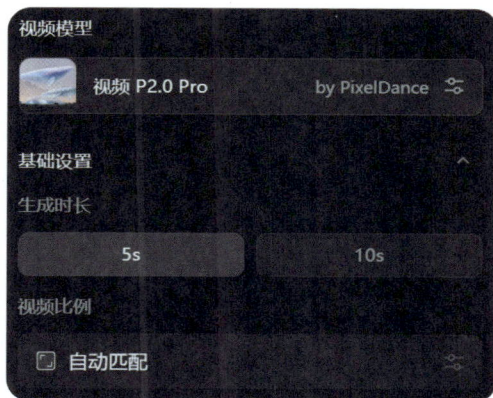

图5-14

视频 S2.0

视频 S2.0模型在画面流畅度和色彩表现上有着卓越的性能，在确保生成视频流畅度的同时，还具备更快的生成速度，如图5-15所示。

图5-15

视频 S2.0 Pro

视频 S2.0 Pro作为即梦AI的旗舰级视频模型，拥有更合理的动态效果和更自然的运镜方式，适用于制作高质量、更专业的视频作品，如广告、宣传片、MV等，如图5-16所示。

图5-16

5.1.4 生成时长

在实际的视频剪辑过程中，每个镜头的时长没有绝对固定的标准，其大概的时长范围取决于视频类型、景别和表达节奏。从视频类型来说，商业广告快剪为了营造快节奏的氛围，单个镜头的时长一般在1秒左右；剧情片和纪录片为了充分展示情感和故事情节，单个镜头的时长一般在3~5秒左右；短视频在保证完播率的同时又要做到完整表达，单个镜头的时长一般在2~3秒左右。

在即梦AI中，视频的生成时长由视频模型决定，模型"视频 S2.0 Pro"和"视频 S2.0"的可选生成时长只有固定的5秒，如图5-17所示；模型"视频 P2.0 Pro"的可选生成时长是5秒和10秒，如图5-18所示；模型"视频1.2"的可选生成时长是4秒、6秒和8秒，如图5-19所示。

图5-17

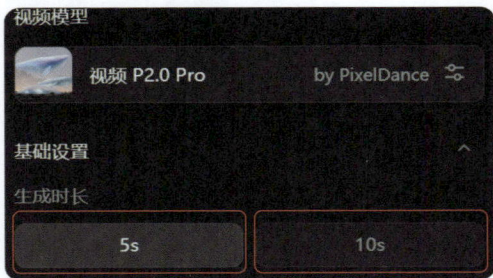

图5-18

图5-19

> ▶ **要点提示**
>
> 使用"上传图片生成视频"功能时，视频的比例会自动与上传图片的比例保持一致。这是为了确保内容的完整性和视觉效果的连贯性，避免图片内容在转换为视频的过程中出现不必要的拉伸、压缩或裁剪等情况。

5.2 文生视频：文字驱动AI视频的魅力

当下视频盛行的时代，视频传播具有诸多优势。视频能够以直观的方式传递丰富的信息，快速吸引观众的注意力，让信息传播更为广泛和高效。本节将继续探索文生视频的奇妙世界，讲解如何仅依靠文字描述生成精彩的视频内容，包括设置视频比例、优化视频的帧率和分辨率，以及根据视频内容用AI配音技术为视频添加生动的背景音乐。

5.2.1 文字描述生成视频

在用描述语生成视频时，需要掌握一定的技巧，这样才能提高生成内容的准确率。首先，描述要明确，提供足够的细节，包括主体、外观、动作、背景和风格等信息，避免使用模糊或抽象的描述；其次，要强调关键元素，也就是最希望在视频中展现的主体部分；最后，可以采用结构化的描述方式，用条理清晰的结构来组织描述语。

这里给出一个结构化的描述公式，可以按照"【主体】+【外观描述】+【动作】+【场景描述】+【风格/氛围】"的方式编写描述语。例如，【一位神秘的魔法师】+【穿着黑色的长袍，手持魔法杖】+【口中念念有词，施展魔法】+【在阴森的古堡中，烛光摇曳，风声呼啸】+【神秘诡异的风格，充满魔法的氛围】。最后输入的描述语为："一位神秘的魔法师，穿着黑色的长袍，手持魔法杖，口中念念有词，施展魔法，在阴森的古堡中，烛光摇曳，风声呼啸，神秘诡异的风格，充满魔法的氛围。"生成视频的画面效果如图5-20所示。

图5-20

下面是文字描述生成视频的操作步骤。

步骤01在即梦AI的"AI视频"板块中，选择"视频生成"选项，如图5-21所示。

步骤02在"视频生成"选项的页面中，选择"文本生视频"选项，如图5-22所示。

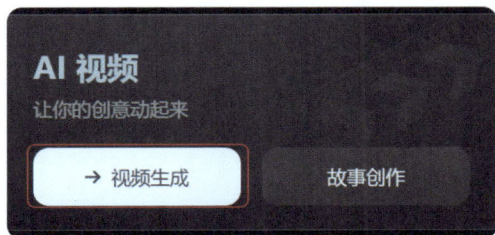

图5-21

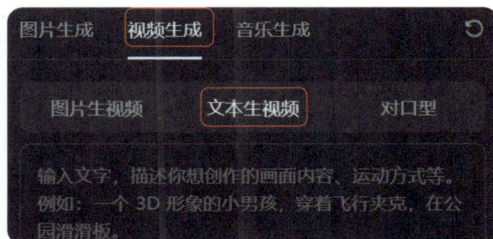

图5-22

步骤03在文本输入框中，按照"【主体】+【外观描述】+【动作】+【场景描述】+【风格/氛围】"的描述结构，输入生成视频的相关描述语，如图5-23所示。

步骤04视频模型选择"视频 S2.0"，生成时长为5s，视频比例选择"16:9"，如图5-24所示。

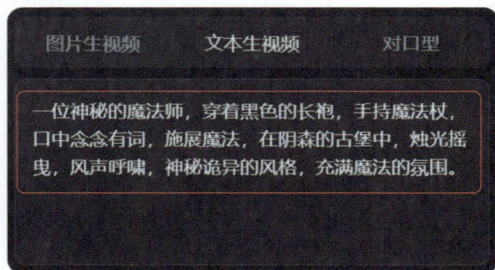

图5-23

图5-24

步骤05设置完成后，单击"生成视频"按钮，生成视频的画面效果如图5-25所示。

图5-25

5.2.2 生成视频比例设置

在生成视频的过程中，需要对视频的生成比例进行选择。视频比例的设置与生成图片的参数相似，不过，需要注意的是，图片在各种平台或者播放设备中的呈现，对比例界限的要求相对宽松，而视频有所不同，存在主流的播放比例。其中，横屏播放的主流比例为 16:9，竖屏播放的主流比例为 9:16。我们在生成视频时，应根据实际需求和播放场景，合理选择相应的比例，以确保视频能够在不同的平台和设备上达到最佳的播放效果。

在"视频比例"选项中，包含21:9、16:9、4:3、1:1、3:4和9:16共6种选择，如图5-26所示。

图5-26

21:9

21:9是一种超宽屏比例，常用于电影和一些高端视频制作。它能提供非常宽广的视野，给观众带来沉浸式的视觉体验，适合展现宏大的场景，如壮丽的风景、大规模的战斗场面等，以此增强画面的震撼感和史诗感。

16:9

16:9是目前横屏视频中最为常见且主流的比例，广泛应用于电视节目、电影、网络视频等领域。它在呈现大多数内容时都能保持较好的平衡，既适合展示人物和场景，也能契合大多数观众的观看习惯。

4:3

4:3是一种较为传统的视频比例，在早期的电视和计算机显示器中较为常见。它在展示一些较为规整、对称的内容时效果较好，但在现代的多媒体环境中使用频率相对较低。

1:1

1:1是正方形比例，在社交平台上分享图片和视频时较为常用。这种比例简洁、规整，适合突出主体，在展示单个物品、人物特写或具有简洁构图的内容时效果不错。

3:4

3:4是 4:3 的竖屏版本，在一些移动端应用和短视频平台中有所应用。它适合展示上下结构较为明显的内容，比如竖长型的物品或人物的全身展示画面。

9:16

9:16是当前竖屏视频的主流比例，非常适合在手机等移动设备上观看。该比例常用于短视频创作、手机直播等场景，能突出纵向的元素，更符合人们手持手机观看的习惯。

5.2.3 提升帧率让视频更流畅

　　帧率是影响视频流畅度的重要因素。即梦AI生成的视频在初始状态下帧率为24帧/秒，如需更高帧率的播放效果，可以通过补帧技术来提升帧率，使视频的动态表现更加平滑、自然。如果将 24 帧/秒的视频提升到 60 帧/秒甚至更高，画面中的动作会更加连贯，细节也会更加清晰。尤其是在呈现快速运动的场景中，高帧率能够有效减少模糊和拖影的现象，让用户的观看体验更加舒适。高帧率视频的画面效果如图5-27所示。

图5-27

　　下面是视频补帧的操作步骤。

　　步骤01在即梦AI的"AI视频"板块中，选择"视频生成"选项，然后在"文本生视频"页面的文本输入框中输入相关描述语，如图5-28所示。

　　步骤02视频模型选择"视频 S2.0"，生成时长为5s，视频比例选择"16:9"，如图5-29所示。

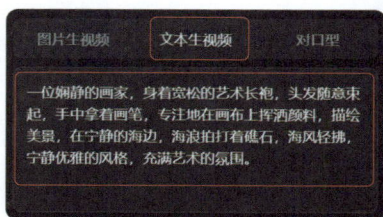

图5-28

图5-29

步骤03设置完成后，单击"生成视频"按钮即可生成视频，如图5-30所示。

图5-30

步骤04在生成视频的右下角单击"补帧"按钮 ◇◇，如图5-31所示。

步骤05在弹出的"视频补帧"窗口中选择"60FPS"选项，然后单击"立即生成"按钮，如图5-32所示。

图5-31

图5-32

步骤06补帧后的视频画面效果，如图5-33所示。

图5-33

帧率，即在视频中每秒显示的静止画面数量，以"帧/秒"（fps）为单位。

较高的帧率能带来更加流畅和逼真的视觉效果。例如，在帧率为60fps或120fps的情况下，快速移动的物体和动作看起来会更加清晰、顺滑，减少了画面的模糊和卡顿感，尤其在体育赛事直播、游戏画面展示和动作电影播放等场景中，这种效果更为突出。

较低的帧率，如15fps及以下，会使视频显得卡顿和不连贯，通常不太符合大多数现代视频的制作和观看需求。

常见的帧率有 24fps，这是电影行业常用的标准帧率，能营造出一种富有电影感的视觉效果，给观众带来一种艺术和叙事的氛围。30fps也是常见的帧率选择，在许多视频内容的制作与播放中，提供了较为平衡的流畅度和资源利用效率。

5.2.4 提升分辨率让视频更清晰

视频中的分辨率是指视频图像中像素的数量，通常用水平像素数乘以垂直像素数来表示，如常见的高清分辨率1920×1080、1280×720等。较高的分辨率意味着视频画面包含更多的细节。例如， 4K 分辨率（3840×2160）能够展现出极其细腻的图像，无论是人物的表情、物体的纹理，还是景色的细微之处，都能清晰呈现，为观众带来逼真且震撼的视觉体验。

在即梦AI中，以16:9的视频为例，其最初默认的分辨率为1472×832，经过提升分辨率操作后，分辨率为2944×1664，提升分辨率后的视频画面效果如图5-34所示。

图5-34

下面是提升视频分辨率的操作步骤。

步骤01在即梦AI的"AI视频"板块中，选择"视频生成"选项，然后在"文本生成视频"页面的文本输入框中输入相关描述语，如图5-35所示。

步骤02视频模型选择"视频 S2.0"，生成时长为5s，视频比例选择"16:9"，如图5-36所示。

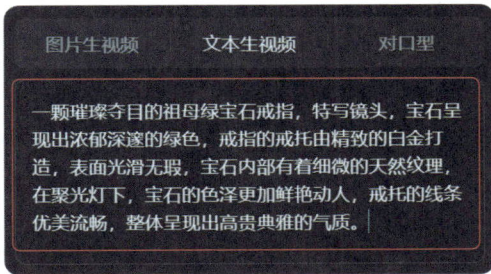

图5-35

图5-36

步骤03设置完成后，单击"生成视频"按钮即可生成视频，如图5-37所示。

图5-37

步骤04在生成视频的右下角单击"提升分辨率"按钮，如图5-38所示。

步骤05提升分辨率后的视频画面效果如图5-39所示。

图5-38

图5-39

5.2.5 AI配乐赋予视频灵魂

声音是视频的灵魂。在即梦AI中，可以根据生成视频的场景和画面内容，利用其强大的算法生成与之相匹配的配乐效果，让配乐与视频的节奏和情感相融合，进一步提升视频的表现力和感染力。

下面是为视频添加AI配乐的操作步骤。

步骤01在即梦AI的"AI视频"板块中，选择"视频生成"选项，然后在"文本生视频"页面的文本输入框中输入相关描述语，如图5-40所示。

步骤02视频模型选择"视频 S2.0"，生成时长为5s，视频比例选择"16:9"，如图5-41所示。

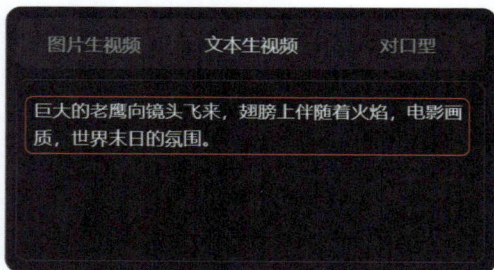

图5-40

图5-41

步骤03设置完成后，单击"生成视频"按钮即可生成视频，如图5-42所示。

图5-42

步骤04在生成视频的右下角单击"AI配乐"按钮 🎵，如图5-43所示。

步骤05在"AI配乐"窗口，选择"根据画面配乐"选项，然后单击"生成AI配乐"按钮，如图5-44所示。

图5-43

图5-44

步骤06即梦AI会一次生成3个配乐，根据实际情况选择合适者即可，最终视频的画面效果如图5-45所示。

图5-45

第6章

即梦AI音频
为视频注入声音的力量

本章要点

在视频创作领域，音频无疑扮演着举足轻重的角色。它不仅能增强视频的表现力和沉浸感，还能独立成为一种艺术形式，深刻影响观众的情感体验。本章将探讨即梦AI中与音频相关的核心功能。在即梦AI中，我们可以利用先进的人工智能技术，将声音与视频完美结合，如为画面中的人物对口型，以及利用AI生成所需风格的音乐或歌曲。接下来，我们将揭开即梦AI中音频功能的奥秘，感受声音为视频带来的无限力量。

6.1 对口型：让人物开口说话的魔法

对口型功能是视频与音频相结合的一项技术。它能够让视频中的人物根据预设的台词或声音内容，自动匹配嘴型动作，让人物看起来仿佛真的在开口说话。这一功能极大地丰富了视频的表现力，可应用于人物对话、动画短片等多种视频类型中。

6.1.1 选择讲话角色

在使用对口型功能前，首先需要确定图片或视频中的讲话角色，确定角色后才能根据性别、年龄、风格去匹配合适的声音。

在即梦AI的"AI视频"板块中，选择"视频生成"选项，如图6-1所示。在"视频生成"选项的页面中，选择"对口型"选项，即可查看对口型的操作页面，如图6-2所示。

在"角色"选项中，可以选择导入图片或视频，导入途径可以是从本地上传或从资产中选取。导入图片的大小不可超过20MB，导入视频的大小不可超过50MB，如图6-3所示。

图6-1

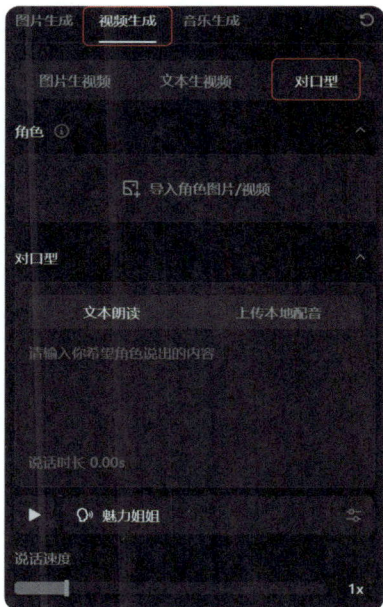

图6-2

▶ 要点提示

即梦AI中的"资产"功能是用于存储和管理用户在平台上生成的各种AI创作资源的这些资源包括图片、画布、视频、故事和音乐文件等，用户可以在"资产"中查看、编辑、下载或分享自己的创作成果，有助于更好地管理自己的创意作品。

6.1.2 声音内容和音色

在确定讲话角色后，接下来便进入构思声音内容和选择音色的环节。声音内容应当与角色的性格、情绪以及所处的情境紧密相关。同时，音色的选择也至关重要。通过合理搭配声音内容和音色，

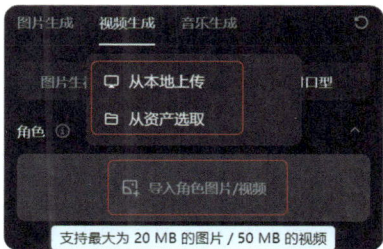

图6-3

能够让角色更加栩栩如生，使观众更容易产生情感上的连接。

给画面中的人物添加讲话内容有以下两种方法。

第一种，使用文字转语音的方式配音。首先，在"文本朗读"输入框中输入需要讲话的文字内容，如图6-4所示。然后根据画面中的人物特点选择与之匹配的音色。例如，对于一个年轻活泼的女孩，应该选择清脆甜美的音色；而对于一个经验丰富的智者，则要选择深沉稳重的音色。可选音色如图6-5所示。

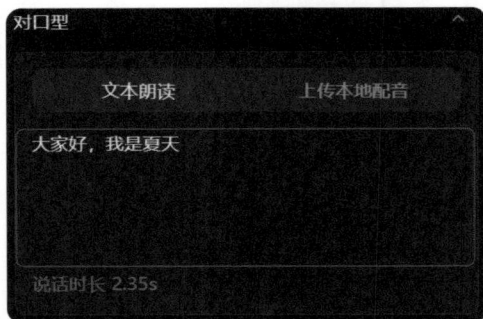

图6-4

图6-5

第二种，上传录制好的配音文件。除了用AI生成配音外，用户还可以上传自己录制的音频。人工录制的配音在情感表达上更为真实，录制者可以根据画面中人物所处的情景，更加贴合地表达真情实感。

在"上传本地配音"选项中，单击"点击上传音频文件"按钮，即可上传录制好的音频。上传格式可以是MP3、WAV、M4A、FLAC等，如图6-6所示。

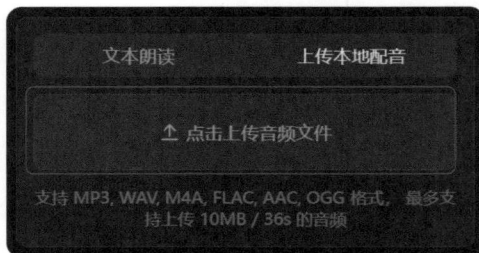

图6-6

6.1.3 说话速度和生成效果

不同的说话速度在传递信息和情感表达方面有着明显差异。快速的说话速度可以营造出紧张、兴奋或者急切的氛围，适用于紧急情况的描述或激烈的辩论场景；缓慢的说话速度则常用于表达深沉的思考、凝重的情感或重要的宣告。在使用文字转语音的方式配音时，可以对说话速度进行调节，最慢是正常语速的0.8倍，最快是正常语速的2倍，如图6-7所示。

在确定说话速度后，还可以根据讲话者的状态选择讲话的"生成效果"，该效果可以理解为说话者的情绪或状态，分为标准和生动两种，如图6-8所示。

图6-7

图6-8

标准

该模式下生成的音频通常较为平稳、客观，更适用于需要保持中立语调的场景，比如对白、播报、学术讲解等。

生动

该模式下生成的音频具有更丰富的语调变化、情感表达和节奏感，能够更好地传达情绪和氛围，使内容更具感染力。

6.1.4 为夕阳下的老者配音

以"为夕阳下的老者配音"为例，为视频内容进行对口型操作，视频画面如图6-9所示。

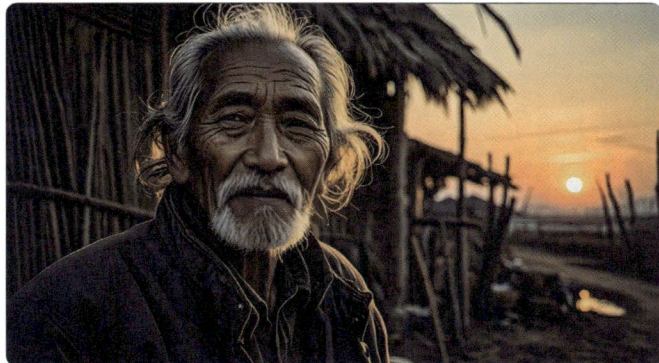

图6-9

步骤01在即梦AI的"AI视频"板块中，选择"视频生成"选项，然后在"对口型"页面单击"导入角色图片/视频"按钮，在弹出的"打开"对话框中选择"夕阳下的老者"视频，并单击"打开"按钮，如图6-10所示。

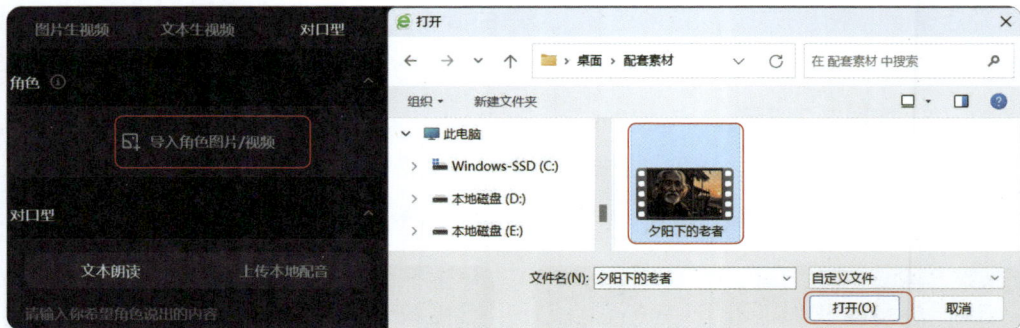

图6-10

步骤02在"文本朗读"输入框中输入需要讲话的文字内容，如图6-11所示。

步骤03在"朗读音色"选项中，选择"沉稳老者"的音色效果，如图6-12所示。

步骤04"说话速度"和"生成效果"选项保持默认，单击"生成视频"按钮，如图6-13所示。

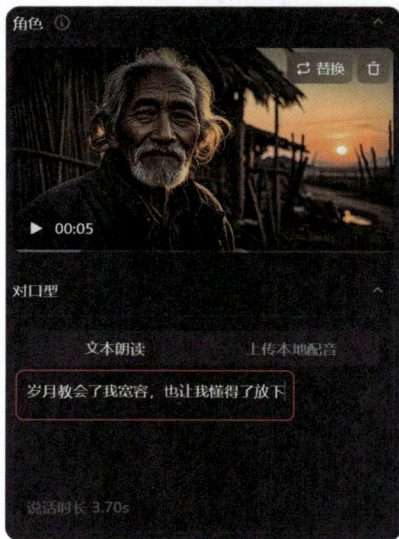

图6-11

图6-12

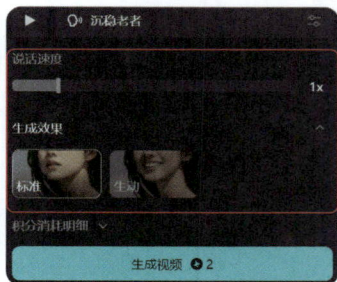

图6-13

步骤05对口型操作完成，视频画面效果如图6-14所示。

图6-14

6.2 AI音乐：触动心灵的美妙旋律

随着人工智能的发展，音乐创作也迎来了变革，创作音乐不再是普通人遥不可及的事情。即梦AI以其独特的算法和强大的生成能力，让音乐创作不再受限于传统的方式和规则，帮助我们更高效、便捷地创作出动人的音乐作品。

6.2.1 人声歌曲

在创作人声歌曲时，首先需要输入歌词或使用"一键生词"功能生成歌词，然后根据需求选择合适的音乐风格。下面是生成人声歌曲的操作步骤。

步骤01在即梦AI的"AI音乐"板块中，单击"音乐生成"选项，如图6-15所示。然后在"人声歌曲"页面，单击"一键生词"按钮，如图6-16所示。

图6-15

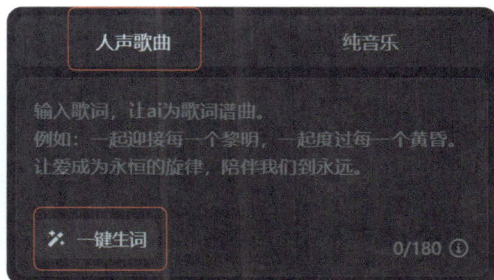

图6-16

步骤02 AI生成的歌词内容，如图6-17所示。

步骤03 在"音乐风格"页面中，"曲风"选项选择"流行"，如图6-18所示。

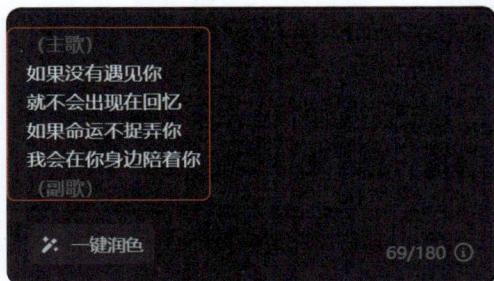

图6-17

图6-18

步骤04 "心情"选项选择"伤感"，如图6-19所示。

步骤05 "音色"选项选择"男声"，然后单击"立即生成"按钮，如图6-20所示。

图6-19

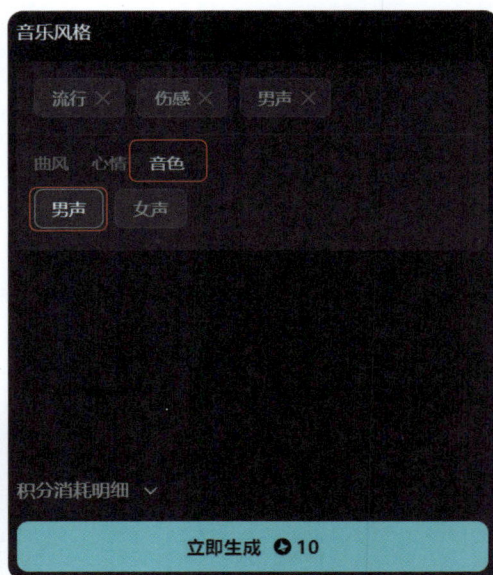

图6-20

步骤06 生成歌曲效果，如图6-21所示。

图6-21

6.2.2 纯音乐

在使用即梦AI创作纯音乐时，需要先给音乐确定一个主题，如表达爱情的甜蜜感、营造独处时聆听宁静夜晚的氛围感等。同时，也可以使用"随机灵感"功能，让AI给出主题，最后确定音乐风格或演奏乐器即可。下面是生成纯音乐的操作步骤。

步骤01在即梦AI的"AI音乐"板块中，单击"音乐生成"选项，然后在"纯音乐"页面单击"随机灵感"按钮，如图6-22所示。

步骤02在灵感输入框下面选择音乐风格或演奏乐器，如图6-23所示。

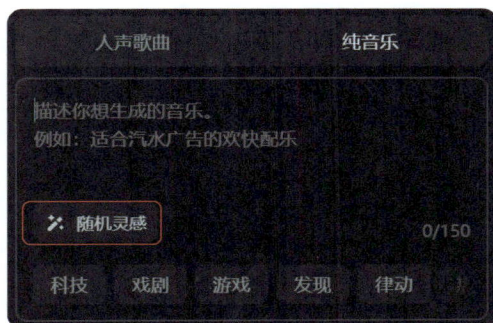

图6-22

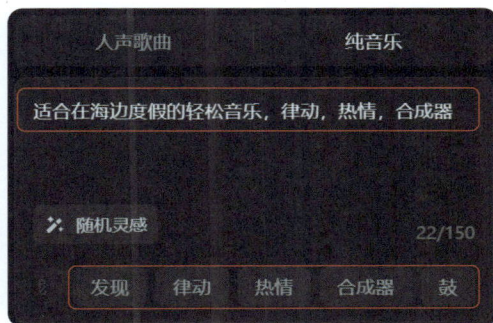

图6-23

步骤03将"生成时长"选项设置为50s，然后单击"立即生成"按钮，如图6-24所示。

步骤04生成的纯音乐如图6-25所示。

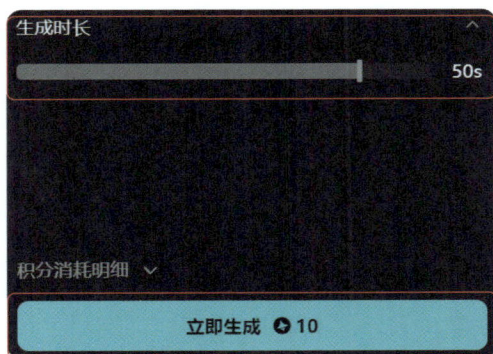

图6-24

图6-25

第7章

即梦 AI实战创作

本章要点

本章将通过多个不同领域的实战案例，深入讲解即梦AI在绘图和视频创作方面的应用技巧。详细介绍各种风格的描述语撰写方法，包括如何精准把握不同风格的特点，以及如何合理运用描述语构建画面和场景，最终帮助读者掌握即梦AI创作的核心要点。

7.1 AI绘图实战：水墨风格美学

中国画的水墨风格源远流长，以笔为骨、墨为韵，晕染出千年华夏的诗意与悠远。本节内容将借助即梦AI，用绘图的形式展现水墨之美，领略传统美学的独特魅力。水墨风格图片的生成效果，如图7-1所示。

步骤01输入描述语。进入即梦AI的首页，在"AI作图"板块中选择"图片生成"选项，如图7-2所示。然后在"图片生成"选项的"文本框"中输入相关描述语，如图7-3所示。

图7-1

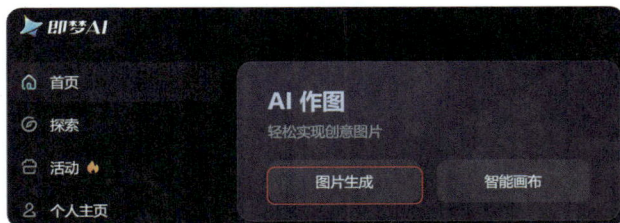

图7-2

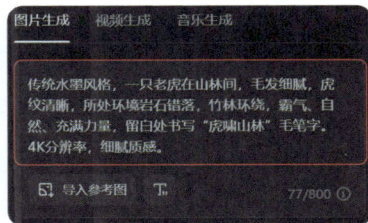

图7-3

步骤02设置生图模型。在"生图模型"选项中选择"图片2.1"模型，如图7-4所示。

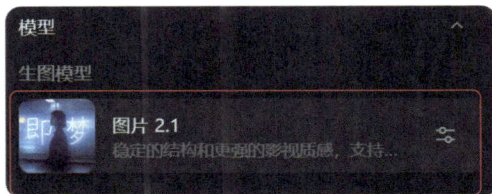

图7-4

步骤03 设置图片尺寸。在"比例"选项中选择"9:16"比例，"图片尺寸"默认为576×1024像素，如图7-5所示。

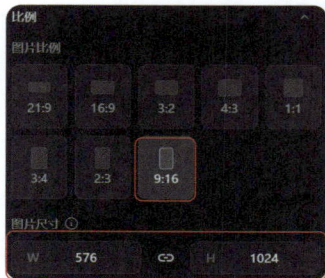

图7-5

步骤04 绘图完成。生成选项设置完成后，单击"立即生成"按钮。生成结果如图7-6所示。

图7-6

7.2 AI绘图实战：商业人像摄影

商业人像摄影注重人物形象的展现和场景的商业化营造。本节将探索如何利用即梦AI生成具有商业价值的人像作品，为电商、广告等场景提供创作灵感。商业人像摄影的生成效果，如图7-7所示。

步骤01 输入描述语。进入即梦AI的首页，在"AI作图"板块中选择"图片生成"选项，如图7-8所示。然后在"图片生成"选项的"文本框"中输入相关描述语，如图7-9所示。

图7-7

图7-8

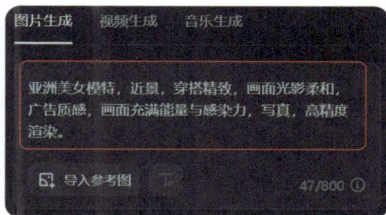

图7-9

步骤02设置生图模型。在"生图模型"选项中选择"图片2.0 Pro"模型，如图7-10所示。

图7-10

步骤03设置图片尺寸。在"比例"选项中选择"2:3"比例，"图片尺寸"默认为682×1024像素，如图7-11所示。

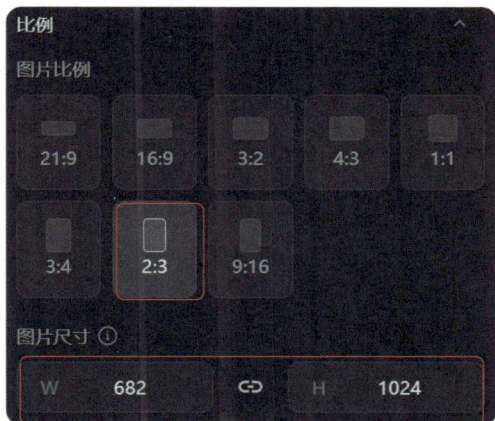

图7-11

步骤04绘图完成。生成选项设置完成后，单击"立即生成"按钮。生成结果如图7-12所示。

图7-12

7.3 AI绘图实战：高端化妆品海报

　　化妆品海报追求视觉冲击力和产品质感，从而激发消费者的购买欲望。本节通过即梦AI展示如何制作精致的化妆品海报，包括产品展示、场景设计和文字排版等。化妆品海报的生成效果如图7-13所示。

图7-13

　　步骤01输入描述语。进入即梦AI的首页，在"AI作图"板块中选择"图片生成"选项，如图7-14所示。然后在"图片生成"选项的"文本框"中输入相关描述语，如图7-15所示。

图7-14

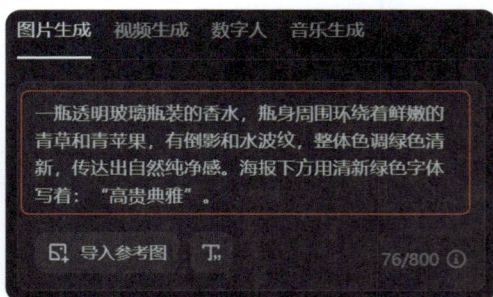

图7-15

　　步骤02设置生图模型。在"生图模型"选项中选择"图片2.1"模型，如图7-16所示。

图7-16

步骤03设置图片尺寸。在"比例"
选项中选择"1:1"比例，"图片尺寸"
默认为1024×1024像素，如图7-17
所示。

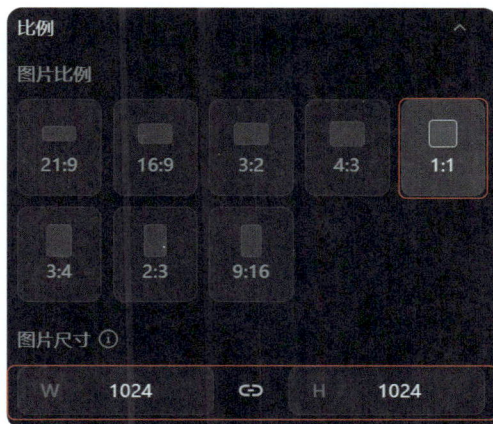

图7-17

步骤04绘图完成。生成选项设置完成后，单击"立即生成"按钮。生成结果如图
7-18所示。

图7-18

第8章

剪映入门：

零基础上手剪辑神器

本章要点

本章将带领零基础读者认识剪映App和剪映专业版的界面操作和功能模块，帮助读者快速上手并高效运用这款强大的剪辑工具。通过解析各个导航栏和操作区域的界面布局，逐步构建剪辑操作的初步概念，让用户能够轻松找到所需工具，掌握基本的操作流程，为后续深入学习视频剪辑打下基础。

8.1 剪映App界面解析

剪映App的界面设计以直观、简洁为主，让用户能够快速找到所需的功能模块。下面将逐一解析剪映App的各个导航栏以及编辑主界面。

8.1.1 "剪辑"导航栏

打开剪映App，呈现在用户面前的就是"剪辑"导航栏，如图8-1所示。它是开启视频创作的第一步，也是进入剪映App各项功能的入口。在这里用户可以快速创建新项目、管理草稿，并使用AI功能和辅助工具提升剪辑效率。

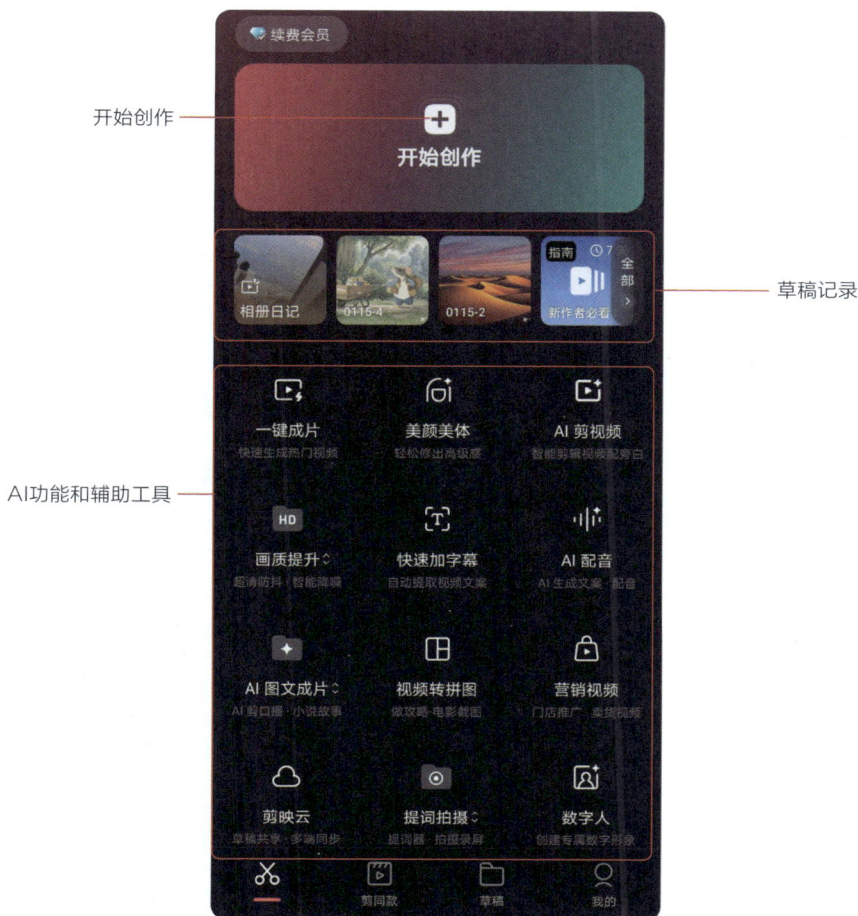

图8-1

开始创作

该功能是启动视频剪辑项目的首要环节。点击 "开始创作" 按钮后，用户可从手机相册中选取所需的视频、图片素材，支持批量选择操作。无论是记录日常生活片段的素材，或是用于专业短视频制作的素材，均可通过该功能导入剪映 App。素材导入完成后，系统将自动跳转至剪映的编辑界面。

草稿记录

在视频剪辑过程中，若因为各种原因需要暂停工作，"草稿记录" 功能将自动保存当前未完成的剪辑项目。当用户再次打开剪映 App 时，即可在 "草稿记录" 中找到对应项目，继续之前的编辑工作，保障创作过程的连续性。

AI功能和辅助工具

除常规基础操作外，剪映App还配备一系列智能化、快捷化的辅助功能，这些辅助功能可以满足不同场景下的多样化需求，为视频创作提供便捷支持，提升剪辑效率。

8.1.2 "剪同款" 导航栏

"剪同款" 导航栏中包含丰富多样、风格各异的创作模板，如图8-2所示。使用模板是一种便捷的视频创作方式，用户通过借鉴优秀视频模板，能够快速制作出具有特定风格与视觉效果的视频作品，有助于在短时间内实现多样化的创作需求。

当用户找到符合自身需求的模板后，点击模板进入详情页，按照提示上传自己的素材，剪映会将模板中的原有内容替换成上传的素材。完成素材替换后，用户还可对部分细节进行微调，如文字内容、音乐音量等。最后点击"导出"按钮，即可生成与所选模板风格一致的个性化视频。

8.1.3 "草稿" 导航栏

"草稿" 在视频创作中扮演着重要的存储与管理角色。熟悉该导航栏的各项功能及草稿的作用，有助于

图8-2

妥善保存未完成的剪辑项目、高效管理素材资源，确保视频创作的顺利进行，如图8-3所示。

本地草稿

本地草稿是存储在手机本地的剪辑项目文件。即使在没有网络连接的情况下，用户依然可以随时打开剪映App，访问并编辑本地草稿，避免网络环境对创作的限制。本地草稿的存储位置与手机相册类似，用户可在手机存储路径中找到相应的文件。

云空间

剪映App具有云空间存储功能，可将重要的草稿上传至云空间。通过云空间存储，用户可以在不同设备上登录剪映账号，访问并继续编辑自己的草稿。

本地素材

本地素材区域展示了手机相册中已有的视频、图片等素材资源。在剪辑过程中，用户可直接从中选取所需内容，无需在相册与剪映App之间频繁切换，显著提高了剪辑工作的效率。同时，本地素材会实时同步手机相册更新内容，确保用户随时调用最新拍摄的素材。

图8-3

云素材

云素材是指存储在剪映云空间中的素材资源，包括上传的视频、图片、音乐等。这些素材可在不同设备上通过登录同一剪映账号进行访问与使用，实现了素材的跨设备共享。云素材的存在，使用户能够在不同场景下进行视频创作，提高了创作的灵活性。

▶ 要点提示

草稿的作用：草稿具有保存和记录剪辑步骤的功能，确保用户在中断创作后能够随时恢复之前的工作进度。无论是因临时有事暂停创作，还是需要多次修改完善视频，草稿功能都能提供可靠的支持，避免因数据或操作步骤丢失而造成的创作损失。

8.1.4 "我的"导航栏

　　"我的"导航栏集中展示与用户个人账号相关的信息与功能，如图8-4所示。它是用户管理个人资料、开展社区互动、获取创作灵感以及进行版本更新等操作的入口。深入了解该导航栏的各项功能，有助于用户更个性化地使用剪映App。

8.1.5 编辑主界面

　　编辑主界面是剪映App进行视频剪辑的核心区域，点击"开始创作"按钮并导入素材后即可呈现，其中包含重要的剪辑工具与功能模块，如图8-5所示。熟练掌握编辑主界面的各项功能，是实现高质量视频剪辑的关键。本小节将详细介绍编辑主界面的各个组成部分及其功能特点。

图8-4

顶部菜单栏

　　顶部菜单栏涵盖关闭项目、工具搜索、画面参数设置和导出等关键功能选项。关闭项目时系统会自动保存进度，便于后续继续创作，工具搜索功能可帮助用户快速定位所需功能，画面参数设置选项可以调整分辨率、帧率和码率等参数。视频剪辑完成后，点击"导出"按钮即可生成完整作品。

预览区

　　预览区是用于查看最终视频呈现状态的监看窗口，能够实时展示剪辑效果。在剪辑过程中，点击"播放"按钮即可播放或暂停视频内容。通过预览区，用户能够及时发现剪辑中存在的问题，并进行相应

图8-5

的调整。

时间线

时间线是视频剪辑的核心操作区域，剪辑时绝大多数的操作都是在时间线上进行的。用户可在时间线上对视频、音频、图片等素材进行排列、剪辑、调整时长等操作。时间线支持多层轨道编辑，用户可在不同轨道上添加各类素材，实现复杂的视频合成效果。

工具栏

工具栏是视频创作的核心功能区域，整合了剪辑、音频、文本、贴纸、画中画、特效等多种功能。可满足从素材初步处理、画面与声音优化，到创意效果的添加等多样化的创作需求。默认状态下，剪映所显示的为一级工具栏；点击相应按钮后，会展开二级工具栏；当选中某一轨道时，工具栏会自动切换为与所选轨道相匹配的工具。

8.2 剪映专业版界面解析

剪映专业版在剪映App的基础上，为创作者提供了更强大、更专业的视频剪辑工具。对期望在视频创作领域深入探索、追求高质量作品的用户而言，了解并熟练运用剪映专业版是提升创作水平的重要途径。下面我们将对剪映专业版的界面布局和核心功能选项进行详细剖析。

8.2.1 初始界面

打开剪映专业版，首先映入眼帘的是初始界面。其中包含首页、模板、我的云空间、小组云空间和热门活动5个界面选项。

首页

"首页"界面中设有"开始创作"按钮、AI功能和辅助工具，以及"草稿"区域，如图8-6所示。

图8-6

模板

"模板"界面涵盖多种主题的视频模板，如：风格大片、片头片尾、宣传、日常碎片、旅行等，如图8-7所示。剪辑时只需替换个人素材，即可快速生成专业水准的视频作品，为创作者提供灵感与捷径。

图8-7

我的云空间

剪映专业版具备云空间存储功能，用户可将素材、草稿、模板等上传至云空间，如图8-8所示。这实现了多设备数据同步，确保用户在不同设备登录账号后，创作不受中断。

图8-8

小组云空间

在剪辑项目需要团队配合创作时，小组云空间功能可让团队成员共享素材、草稿、脚本等，分工合作编辑同一个项目，提高创作效率，适用于多人合作的商业项目或大型创作活动，如图8-9所示。

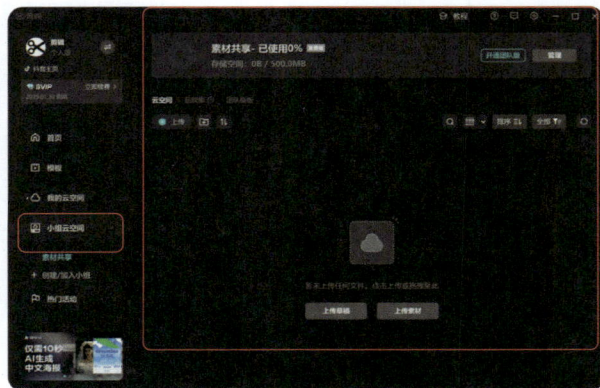

图8-9

热门活动

该界面实时更新剪映官方举办的各类创作活动信息，如主题创作比赛、创意挑战赛等。参与活动不仅有机会获得收益，还能提升剪辑能力，增强在创作社区的影响力。

8.2.2 草稿的操作选项

在创作过程中，草稿是创作项目的载体。通过对草稿进行操作，能够更好地管理创作内容。单击草稿的"更多"按钮，会弹出一个菜单，里面是相关的操作选项，如图8-10所示。

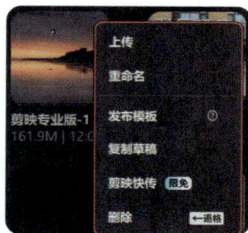

图8-10

上传

可将本地草稿上传至云空间，实现多设备同步。这样在不同环境下都能继续创作，避免因设备更换或本地文件丢失而影响创作进度。

重命名

可根据项目内容或特定需求修改草稿名称，便于查找和管理，能够快速定位特定的创作项目，提高创作效率。

发布模板

可将具有创意和实用价值的工程项目发布为模板，供其他用户下载使用。

复制草稿

当需要对草稿进行不同方向的修改或调整时，使用"复制草稿"功能可生成相同的草稿副本。如此便能在不影响原始草稿的前提下大胆修改，为创作提供更多的试错空间。

剪映快传

剪映快传用于文件传输，可在同一局域网内将草稿传输至其他设备，比如从手机传输至计算机、手机传输至平板等。

删除

对于不需要的草稿，可执行删除操作，以释放本地磁盘空间和云存储空间。并且，已删除草稿可在"最近删除"选项中找回。

8.2.3 剪辑界面布局

剪辑界面是视频创作的核心区域，主要包含6大区域，分别为顶部菜单栏、素材库、播放器、素材调整区、工具栏和时间线，如图8-11所示。各区域相互配合、协同运作，其中"时间线"区域作为剪辑的主要操作界面，支持多轨道编辑，可对视频、音频、图片等素材进行拼接组合，堪称剪辑操作的"主战场"。

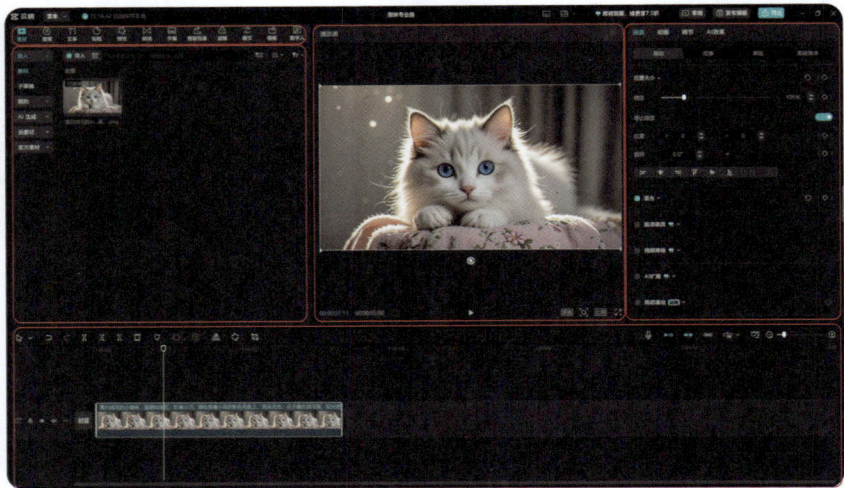

图8-11

顶部菜单栏

顶部菜单栏中包含素材、音频、文本、贴纸、特效、转场、滤镜、调节、模板、数字人共10个选项，涵盖素材管理、内容添加和内容优化等全方位视频创作功能，可以满足多样化的视频创作需求。

素材库

素材库是对剪辑素材进行集中存放和管理的区域，用户可以在此管理本地素材、生成AI素材、下载云素材和官方素材。

播放器

播放器区域可以实时展示剪辑中的视频画面内容，支持播放、暂停、缩放画面、设置比例等常规操作。通过移动时间线区域的时间指示器，可以精准定位视频中的任意位置。

素材调整区

在时间线区域选中素材后，素材调整区会显示针对该素材类型的调整选项，如图8-12所示。选中视频或图片素材，会出现缩放、位置等相关参数；选中音频素材，会出现音量、淡入时长、淡出时长等相关参数；选中文本素材，会出现字体、字号等相关参数。

工具栏

工具栏左右两侧分布着各种功能的操控工具。左侧有撤销、恢复、分割、裁剪、删除等基础剪辑工具，右侧有录音、主轨磁吸、联动等轨道控件。

时间线

时间线作为视频剪辑的核心区域，支持多轨道编辑，可以在不同轨道上添加视频、音频、图片等素材，如图8-13所示，并能对素材进行拼接、编辑、调整时长、添加转场和特效等操作。借助时间线，用户能够精确控制视频的节奏和叙事顺序，实现丰富多样的视频效果。

图8-12

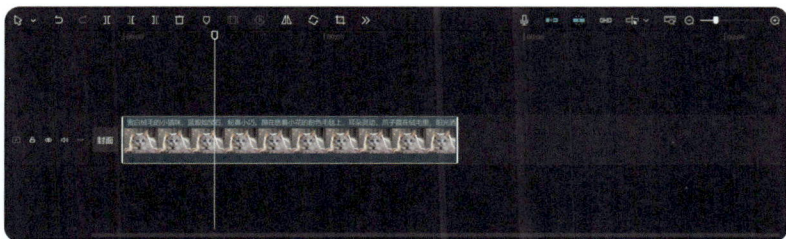
图8-13

8.2.4 布局设置

为满足不同场景下的操作习惯和创作需求，剪映专业版提供多种布局选项。用户可以根据实际需求，灵活调整剪辑界面的布局，以提高创作效率和操作舒适度。单击"布局设置"按钮，即可弹出一个菜单，里面是布局的相关选项，如图8-14所示。

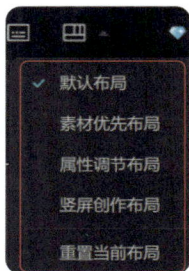
图8-14

默认布局

默认布局是剪映专业版的初始界面布局，各功能区域分布合理，适用于大多数用户的常规剪辑操作。该布局操作环境均衡，兼顾素材管理、剪辑操作和预览查看。

素材优先布局

该布局重点突出素材库显示区域，便于用户快速浏览和选择素材。在素材收集和整理阶段，该布局能够让用户更专注于素材筛选和分类，提高素材管理效率。

属性调节布局

该布局将素材调整区放大显示，便于用户对素材的各项属性进行精细调节。在对视频画面效果、音频效果进行深度处理时，该布局能更便捷地操作各项参数，精准满足创作需求。

竖屏创作布局

针对当下流行的竖屏视频创作需求，该布局放大播放器显示区域，更适合竖屏视频的剪辑。在创作抖音、快手等平台的竖屏视频时，该布局能够提供更直观的观看体验。

重置当前布局

自定义调整布局后，如果要恢复到默认布局状态，可以使用重置当前布局功能。单击该选项，界面将恢复至选定布局模式的默认状态，可以解决界面错乱等问题。

第9章

核心基础：
掌握剪辑实用技巧

本章要点

本章将系统讲解剪映专业版的核心剪辑功能与操作技巧。通过本章学习，用户可掌握高效、精准的剪辑操作方法，为后续的复杂创作奠定扎实基础。

9.1 素材的获取方法

素材是视频创作的基础。剪映提供了多元化的素材获取途径，包括本地文件、云端资源、AI生成及官方素材库等，以满足不同场景下的创作需求。

9.1.1 本地素材导入

进行视频创作时，为了满足特定的表达需求，经常直接采用拍摄设备录制的素材进行剪辑。将素材传输至计算机后，即可通过以下两种方式，将素材导入剪映。

路径导入

在"素材"面板中单击"导入"选项，如图9-1所示。在弹出的文件选择窗口中选取所需素材，选好后单击"打开"按钮即可。

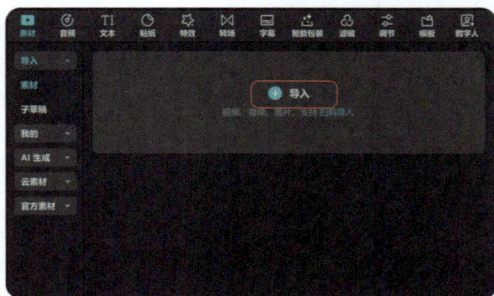

图9-1

拖曳导入

打开本地文件夹，选中需要导入的素材，直接拖曳至剪映专业版"素材"面板的空白区域即可，如图9-2所示。

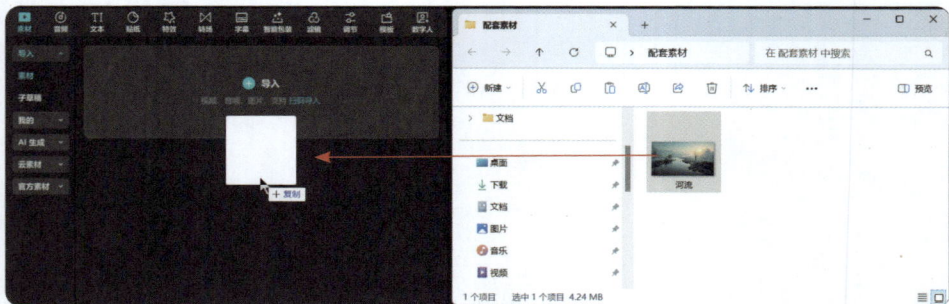

图9-2

▶ 要点提示

两种导入方式都支持一次性导入多个文件，选择素材时按住Ctrl键即可进行多选。常用的兼容格式有：视频（MP4、MOV）、图片（JPG、PNG）、音频（MP3、WAV）等。

9.1.2 AI生成素材

剪映内置的AI生成工具，可以通过智能算法生成图片或视频素材，有效解决剪辑素材匮乏的问题，为创作带来更多创意与可能。

图片生成

步骤01在"素材"面板中选择"AI生成"选项，接着选择"图片生成"模式。在"画面描述"框中输入相关描述语，"模型设置"选择"通用v2.0"，"画幅比例"选择16：9。设置完成后，单击"开始生成"按钮，如图9-3所示。

步骤02图片生成结果，如图9-4所示。

图9-3

图9-4

视频生成

步骤01在"素材"面板中选择"AI生成"选项，接着选择"视频生成"模式内的"文本生视频"。在"画面描述"框中输入相关描述语，"模型设置"选择"Seaweed v1.0"，"运动速度"选择"适中"，"运镜方式"选择"随机运镜"，"视频时长"选择5s，"画幅比例"选择16：9。设置完成后，单击"开始生成"按钮，如图9-5所示。

步骤02视频生成结果，如图9-6所示。

图9-5

图9-6

9.1.3 云素材

剪辑时，先将所需素材上传至云空间，"云素材"选项中便会显示对应的素材，如图9-7所示。通过云素材功能，可以突破设备限制使用素材，确保用户在多设备间实现创作流程的无缝衔接。

图9-7

9.1.4 官方素材

官方素材是剪映自带的素材资源库，内含大量的图片、视频素材，可满足各类创作风格和主题需求，如图9-8所示。

图9-8

9.1.5 导入子草稿

在复杂的剪辑项目中，使用"导入子草稿"功能可将已剪辑的草稿项目导入当前项目中。这样不仅能避免重复工作，还能提高项目的剪辑效率，更好地管理剪辑内容。

在"导入"选项的"子草稿"模块中，单击"导入"选项，在弹出的"选择草稿"窗口中选取所需草稿即可导入，如图9-9所示。

图9-9

9.2 剪辑的核心功能

剪辑作为视频制作的核心环节，直接影响视频的节奏、内容连贯性和整体质量。熟练掌握剪辑的常用工具，能够助力创作者高效率、高质量地完成视频作品。

9.2.1 分割和删除素材

分割与删除是剪辑中基础且高频的操作，用于精准控制素材时长与内容结构。剪映专业版支持多种分割方式，以适应不同用户的操作习惯。

剃刀工具

在工具栏中单击"选择"按钮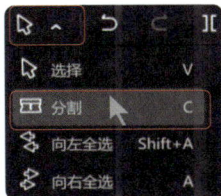，将鼠标切换至"分割"状态，如图9-10所示。将鼠标放在目标位置，单击素材即可完成素材分割，如图9-11所示。

图9-10　　　　　　　图9-11

分割按钮

选中时间线上的素材，将时间指示器定位至需要分割的位置，单击工具栏中的"分割"按钮，即可完成素材分割，如图9-12所示。

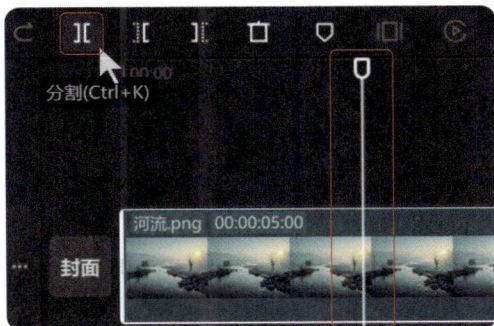

图9-12

删除素材

素材分割后，选中需要删除的片段，按下删除键，即可将该片段将从时间线中移除。相邻素材会自动填补空缺（需开启"主轨磁吸"功能）。

首尾两端裁剪

将鼠标放在素材片段的起始端或结束端边缘，此时光标会变为双向箭头，按住鼠标左键并拖动，即可删减素材，如图9-13所示。

图9-13

9.2.2 向左裁剪

裁剪时间指示器左侧的素材时，将时间指示器定位到目标位置，单击"向左裁剪"按钮 ▮Ⅰ，即可将时间指示器左侧的素材删除，仅保留右侧部分的素材，如图9-14所示。

图9-14

9.2.3 向右裁剪

裁剪时间指示器右侧的素材时，将时间指示器定位到目标位置，单击"向右裁剪"按钮 Ⅰ▮，即可将时间指示器右侧的素材删除，仅保留左侧部分的素材，如图9-15所示。

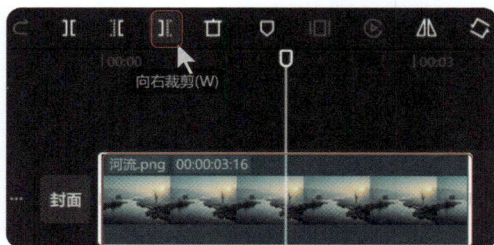

图9-15

9.2.4 调整素材位置

鼠标左键按住时间线上的素材片段，横向拖动至目标位置，松开鼠标后，素材会自动插入新位置，相邻素材也会依次移动，如图9-16所示。

图9-16

9.2.5 撤销和恢复

在剪辑过程中，难免会出现操作失误的情况。使用"撤销"功能，可返回到上一步的操作状态，避免因错误操作而需要重新开始。与之对应的"恢复"功能，是在执行撤销操作后，如果发现撤销有误，可通过该功能回到撤销前的状态，如图9-17所示。

图9-17

9.3 画面的操作技巧

在视频剪辑过程中，常常需要对视频画面进行特定处理，以此提升视觉效果。本节将详细介绍剪映专业版中常用的画面操作技巧，通过学习这些技巧，用户可以更好地把控画面效果，增强视频的视觉表现力。

9.3.1 添加标记

　　添加标记功能可以在时间线的特定位置添加可视化标记，这些标记点可作为参考位置，便于在后续剪辑过程中快速定位到标记画面。移动时间指示器到目标位置，然后在工具栏中单击"添加标记"按钮🔲，即可在该位置添加标记点，如图9-18所示。

图9-18

▶ **要点提示**

在添加标记点时，如果先选中素材再添加标记点，标记点会添加到所选素材上；如果不选中任何素材直接添加标记点，则会添加到时间线上。

9.3.2 视频定格

　　视频定格功能可固定视频中的某一帧画面，使其成为静止画面进行展示，常用于突出某个重要场景、表情或动作，增强视频的表现力和感染力。选中需要定格的视频素材，并将时间指示器移至目标位置，在工具栏单击"定格"按钮🔲，即可将该位置的画面进行定格处理（默认定格时间为3秒），如图9-19所示。

图9-19

9.3.3 视频倒放

　　视频倒放可颠倒视频的播放顺序，使视频从结尾播放到开头，能实现独特的视觉效果，为视频增添创意性和趣味性。选中需要倒放的视频素材，在工具栏单击"倒放"按钮🔘，即可实现视频倒放效果，如图9-20所示。

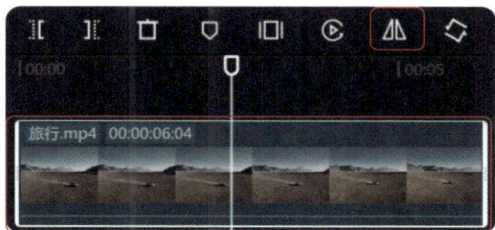

图9-20

113

9.3.4 画面镜像

画面镜像功能可使画面在水平方向上翻转，常用于制作对称效果、营造特殊视觉场景等。选中需要做镜像的素材，在工具栏单击"镜像"按钮 🔼，即可完成画面镜像效果，如图9-21所示。

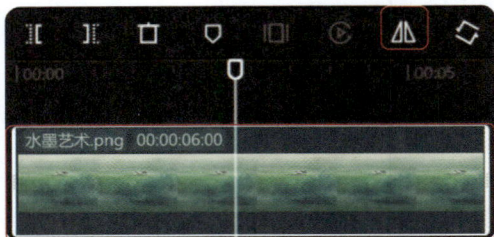

图9-21

9.3.5 画面旋转

画面旋转功能可对画面进行顺时针旋转操作，通过旋转能将画面调整到合适的方向，为视频带来独特的视觉效果。选中需要旋转的素材，在工具栏单击"旋转"按钮 🔁，每按一次，画面会旋转90°，如图9-22所示。

图9-22

9.3.6 画面裁剪和AI扩展

画面裁剪

画面裁剪可根据需求裁剪画面大小，去除不必要的部分或调整画面比例。具体操作步骤如下。

步骤01在时间线上选中需要裁剪的素材，在工具栏单击"调整大小"按钮 🔲，如图9-23所示。

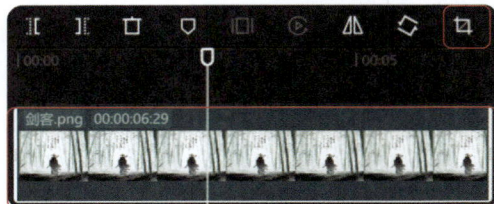

图9-23

步骤02在"调整大小"窗口中将"裁剪比例"选项设置为9：16，单击"确定"按钮，如图9-24所示。

步骤03画面裁剪完成，裁剪前后的对比效果如图9-25所示。

图9-24

图9-25

AI扩展

AI扩展功能借助人工智能技术，在裁剪画面后自动填充扩展画面边缘，保持裁剪后画面的完整性和美观性，对于优化画面构图、提升视觉效果具有重要作用。具有操作步骤如下。

步骤01在时间线上选中需要裁剪的素材，在工具栏单击"调整大小"按钮![icon]，如图9-26所示。

步骤02在"调整大小"窗口中选择"AI扩展"选项，并将画面内容移动至画布右下角，其他参数保持默认，单击"开始生成"按钮，如图9-27所示。

图9-26

图9-27

步骤03画面扩展完成，扩展前后的对比效果如图9-28所示。

图9-28

115

第10章
Chapter 10

功能进阶：
让视频更专业

本章要点

在熟悉剪映的基础操作后，本章将深入探索并运用剪映的进阶功能。从对画面基本属性的精细调整，到利用视频变速剪辑营造节奏变化，再到人物美颜美体功能的运用，这些功能将为视频创作增添更多专业技巧，满足创作者的多样化需求，使作品更具吸引力和视觉冲击力。

10.1 画面的基本属性

画面作为视频的直接呈现形式，精准控制其缩放、位置、旋转等参数，能够优化画面效果，使其更符合创作需求和审美标准。

10.1.1 基础参数的调整

在视频创作中，调整画面基础参数是打造个性化视觉效果的基础操作。通过对以下参数的调整，能够灵活改变画面的呈现方式，如图10-1所示。

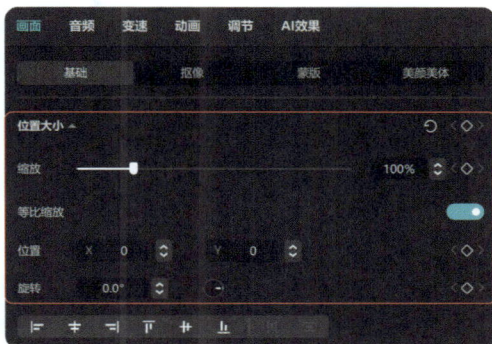

图10-1

缩放

缩放参数可以改变画面的大小，通过拖动滑块或直接输入数值，即可实现画面的放大或缩小。放大画面可突出局部细节，缩小画面则能展现更广阔的场景，在实际操作中，缩放常用于画面重新构图、规避某个元素等。

▶ **要点提示**

在调整画面大小时，开启等比缩放功能，可以确保画面在放大或缩小过程中，不会出现拉伸或变形，始终保持画面的原始比例，保证视觉效果的协调性。

位置

位置参数用于改变画面在视频中的显示位置，通过调整横坐标（X）和纵坐标（Y）的数值，可实现画面的上下左右移动，便于对画面进行二次构图，突出重点内容。

下面是视频画中画的操作步骤。

步骤01在时间线上选中需要进行缩放操作的素材，如图10-2所示。

图10-2

步骤02在素材调整区域，将"缩放"数值设置为40%，如图10-3所示。

图10-3

步骤03接着将"位置"数值设置为-1152、648，如图10-4所示。

图10-4

步骤04画中画效果完成，如图10-5所示。

旋转

旋转功能可对画面进行角度旋转。在旋转参数设置选项中，输入正数代表顺时针旋转，输入负数代表逆时针旋转。通过旋转将画面调整至合适角度，纠正拍摄时的倾斜画面，或创造独特的视觉效果。

图10-5

▶ **要点提示**

在素材调整区域，在对视频进行位置大小、抠像、调色等参数调节后，若对调节效果不满意，可单击"重置"按钮 ↺，如图10-6所示。这样就能将该区域的全部调节参数还原为初始值，使视频画面恢复到调节前的状态。

图10-6

10.1.2 视频防抖和降噪

在实际拍摄过程中，受拍摄设备抖动或光线过暗等因素影响，视频可能会出现抖动和噪点问题，影响观看体验。而使用视频防抖和降噪功能，能够有效解决这些问

118

题，提升视频的稳定性和清晰度。

视频防抖

剪映专业版的视频防抖功能，是通过算法对视频进行分析处理，自动补偿拍摄时的抖动。其原理是利用视频中的特征点进行追踪和计算，根据抖动情况对画面进行相应的位移、缩放和旋转调整，从而实现视频的稳定。

步骤01在时间线上选中需要进行防抖处理的素材，如图10-7所示。

步骤02在素材调整区域勾选"视频防抖"选项，"防抖等级"选择"推荐"，如图10-8所示。

图10-7

图10-8

步骤03视频防抖效果完成，如图10-9所示。

视频降噪

拍摄视频时，如果拍摄场景光照较暗，视频画面可能会出现噪点问题。通过视频降噪功能，可以在一定程度上消除噪点，优化画面质量。在"视频降噪"选项中，包含"强"和"弱"两档强度设置，如图10-10所示。

图10-9

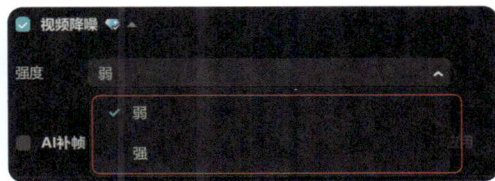

图10-10

10.1.3 运动模糊

运动模糊功能能够模拟物体快速运动时产生的模糊效果，增强快速运动物体的视觉连贯性，常用于赛车、舞蹈、打斗等高速动作的场景。在"运动模糊"选项中，包含"模糊程度""融合程度""模糊方向"和"模糊次数"的参数设置，如图10-11所示。

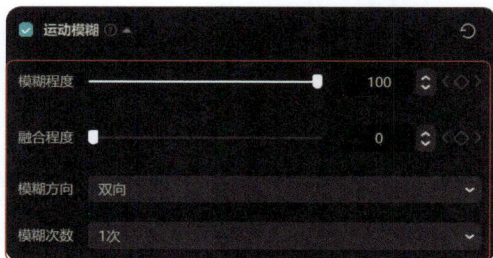

图10-11

10.1.4 背景填充

背景填充功能可对视频画面周围进行内容填充。当视频被裁剪或缩小后，边缘会出现空白区域，这时可利用该功能填充空白区域。在"背景填充"选项中，包含4种填充形式，分别是模糊、颜色、样式和品牌背景，如图10-12所示。

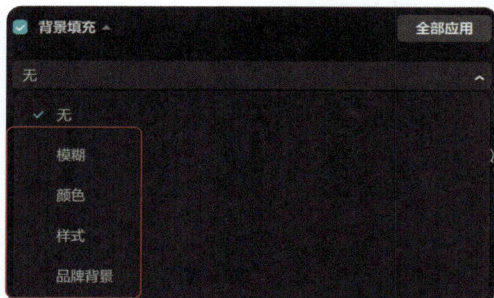

图10-12

模糊

将原视频画面作为背景并进行模糊处理，使观众的注意力更集中在视频主体上，减少背景干扰。

颜色

添加单一颜色作为视频背景。使用时可根据视频风格、主题以及想要传达的情感，选择合适的颜色作为背景。

样式

剪映专业版内置了各种风格和类型的背景图案，可根据所需场景自行选择。

品牌背景

用户可将与自身品牌相关的特定图片、标志等元素设为视频背景，将素材上传至云空间后，就能在品牌背景中选择使用。

10.2 视频的变速剪辑

视频变速剪辑是塑造视频节奏、增强视频表现力的重要手段。通过不同的变速方式，能够为视频赋予独特的节奏和情感氛围，从而吸引观众的注意力。

10.2.1 常规变速

常规变速是最基本的变速方式，能够对视频的播放速度进行简单而直接的调整，在"常规变速"模式下，包含倍数、时长和声音变调3个设置选项，如图10-13所示。

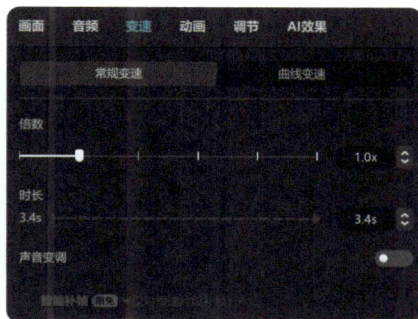

图10-13

倍数

通过设置视频的倍数来改变视频的播放速度。当倍数为1时，播放速度保持初始速度；当倍数为0.5时，播放速度变为初始速度的一半；当倍数为2时，播放速度加快，是初始速度的2倍。

时长

通过设置视频的时长来改变视频的播放速度。设置一个具体的时间长度后，播放速度会根据比例进行压缩或拉伸，例如，一段初始时长为10秒的视频，若时长设置为5秒，那么倍数为2，此时的播放速度是初始速度的2倍。

声音变调

当视频进行变速时，声音的音调也会产生相应变化。当该功能处于关闭状态时，调整视频速度后，音频不会产生变调，能让声音听起来更加自然。

10.2.2 自定义曲线变速

在曲线变速编辑界面中，横坐标代表视频的时间轴，纵坐标表示播放速度。用户可通过添加、拖动控制点来绘制速度曲线，实现对视频不同时间段播放速度的精确控制，如图10-14所示。

例如，在视频开头设置较慢的速度，中间部分加快速度，结尾处再放慢速度，那么此时速度曲线所呈现的状态应为"低-高-低"的趋势，如图10-15所示。

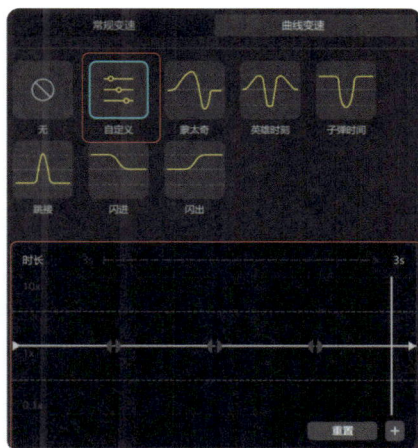

图10-14

此外，剪映专业版还有智能补帧功能。在视频变速过程中，尤其是在大幅度慢速的情况下，智能补帧能够通过算法生成中间缺失的帧，使视频在变速后仍能保持流畅的播放效果，避免画面出现卡顿或跳帧现象，如图10-16所示。

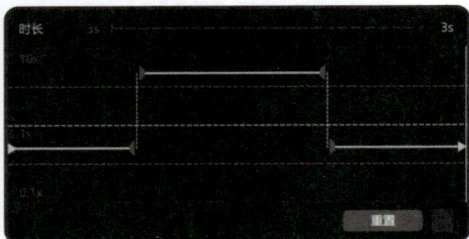

图10-15

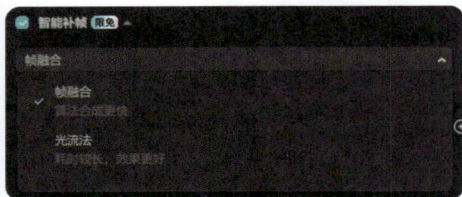

图10-16

10.2.3 变速预设的使用

变速预设是剪映专业版提供的常用变速模板，在剪辑时可快速应用到视频中，既能节省创作时间，又能达成专业的变速效果，如图10-17所示。

步骤01在时间线上选中需要进行变速处理的素材，如图10-18所示。

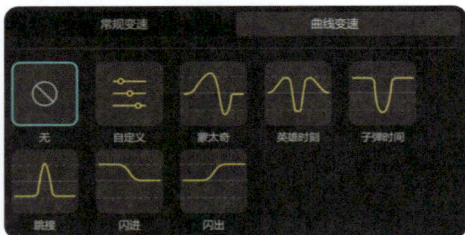

图10-17

图10-18

步骤02在素材调整区域内，选择"曲线变速"模块，接着选择"蒙太奇"预设，如图10-19所示。

步骤03视频变速效果完成，如图10-20所示。

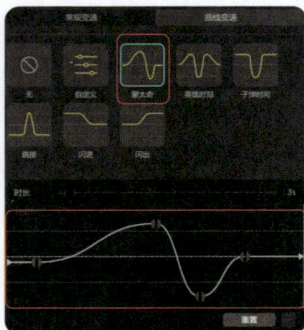

图10-19

图10-20

第11章

音频添加：
为画面赋予灵魂

本章要点

在视频创作中，音频是不可或缺的重要组成部分，它如同视频的灵魂，能够强化情感表达，营造独特氛围，提升观众的沉浸体验。合适的音频素材配合恰当的处理技巧，能让平淡的画面变得生动且富有感染力。本章将全面介绍在剪映专业版中与音频相关的操作方法和实用技巧，帮助用户构建一套优质音频的创作流程。

11.1 音频素材的获取

获取音频素材是所有音频操作的前提，剪映专业版提供了多种音频获取方式，以满足创作者在不同场景、通过不同途径获取音频的需求。

11.1.1 导入

在导入选项中，支持从本地视频文件中提取音频或通过链接下载音频素材，如图11-1所示。

音频提取

步骤01单击"音频提取"功能中的"导入"按钮，如图11-2所示。

图11-1

图11-2

步骤02在弹出的"请选择媒体资源"对话框中，选择需要提取音频的视频素材，选择完成后单击"打开"按钮，如图11-3所示。

步骤03提取完成后，视频素材将以音频的形式呈现，如图11-4所示。

图11-3

图11-4

链接下载

步骤01单击"链接下载"功能中的"粘贴链接"按钮，如图11-5所示。

步骤02在弹出的"抖音链接"窗口中，将预先复制好的抖音视频或音频链接粘贴进去，然后单击"开始下载"按钮，如图11-6所示。

图11-5

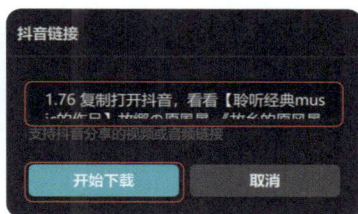

图11-6

步骤03解析完成后，即可获取该链接的音频素材，如图11-7所示。

图11-7

11.1.2 AI音乐

随着人工智能技术的发展，剪映专业版提供的AI音乐功能可以根据个人需求生成人声歌曲和纯音乐，如图11-8所示。

人声歌曲

步骤01选择"AI音乐"选项中的"人声歌曲"模式，在输入框中输入相应的文本内容，然后单击"开始生成"按钮，如图11-9所示。

步骤02在"生成记录"选项内，每次会生成3个与描述对应的结果，如图11-10所示。

步骤03单击生成结果即可试听具体内容，如图11-11所示。

图11-8

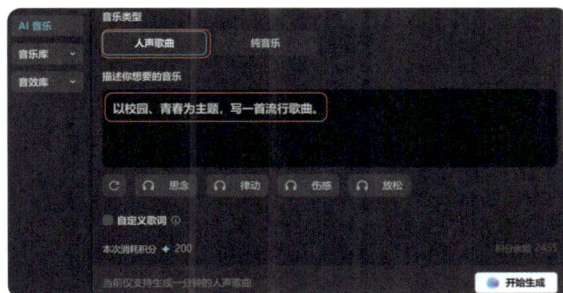

图11-9

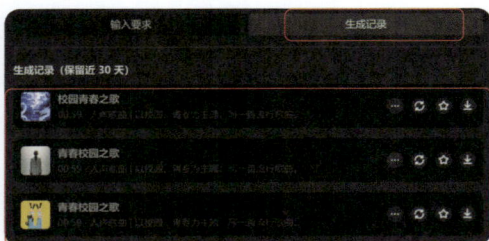

图11-10

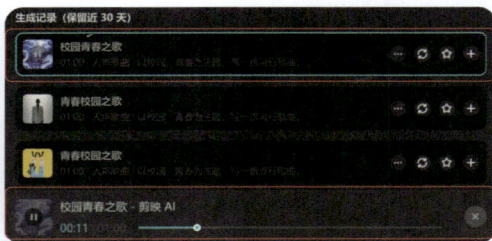

图11-11

纯音乐

步骤01选择"AI音乐"选项中的"纯音乐"模式，并在输入框中输入相应的文本内容，然后单击"开始生成"按钮，如图11-12所示。

步骤02在"生成记录"选项内，每次会生成3个与描述对应的结果，如图11-13所示。

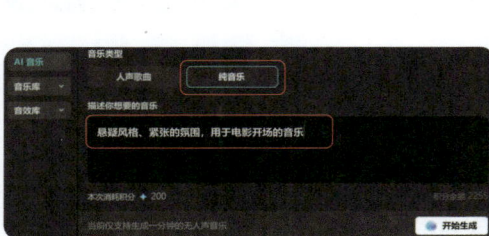

图11-12

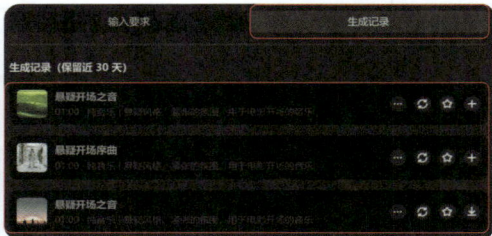

图11-13

步骤03单击生成结果即可试听具体内容，如图11-14所示。

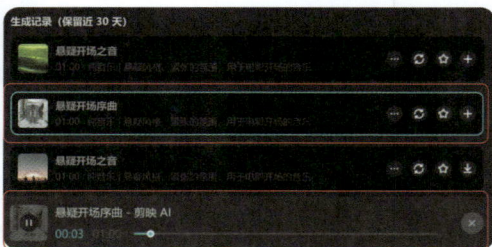

图11-14

11.1.3 音乐库

在剪映专业版的音乐库中，内置了海量的音乐资源，涵盖各种风格和类型的音乐，如旅行、轻快、搞怪、美食、动感等。使用时，用户可以通过搜索栏输入歌曲名称、歌手名字、音乐风格等关键词进行精准查找，也可按照音乐分类、热门推荐等方式浏览音乐库，便于快速找到适合视频主题和氛围的背景音乐，如图11-15所示。

图11-15

11.1.4 音效库

音效库是剪映专业版为创作者提供的音效素材集合，其中包含了各种场景的音效，如环境音效（风声、雨声、鸟鸣声）、生活场景音效（关门声、脚步声）、交通工具音效（汽车行驶声、飞机轰鸣声）等；还有各种特效音效，如魔法音效、游戏音效、搞笑音效等，如图11-16所示。

图11-16

在制作视频时，可以根据视频内容在音效库中搜索相应的音效，给视频添加音效可以增强视频的真实性和代入感，为视频增添丰富的听觉体验。

11.2 音频的基础设置

通过对音频进行音量调整、添加淡入淡出效果、换音色等设置，可以使音频与视频更完美地融合，更好地契合视频的节奏和氛围。

11.2.1 音量调整

调整音频的音量大小，可以确保音频素材与视频画面更好地匹配，避免出现音量过大或过小的情况。选中需要调整音量的音频素材，在素材调整区域内，找到音量调节的滑块或直接输入音量数值，即可调整音量大小。滑块向左移动会减小音量，向右移动则增大音量，如图11-17所示。

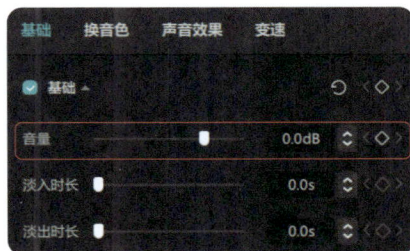

图11-17

11.2.2 淡入淡出

在音频的起始和结束部分添加淡入淡出效果，可以使音频的出现和消失更加自然，避免出现突兀感，如图11-18所示。

淡入时长

淡入时长是指音频从无声逐渐增加到正常音量所需要的时间。较长的淡入时长适合营造缓慢、柔和的开场氛围，较短的淡入时长则更适合节奏较快的视频。

淡出时长

淡出时长用于设置音频从正常音量逐渐减小到无声的时间。通过合理设置淡出时长，可以使音频在视频结束或切换时实现平稳过渡，为观众带来舒适的听觉体验。

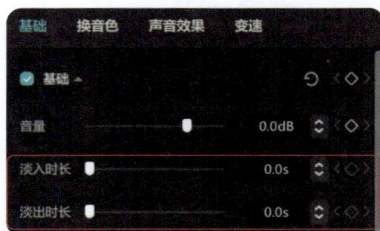

图11-18

11.2.3 换音色

换音色功能为音频调整带来了新颖的玩法和创意。在某些情形下，原始音频的音色可能无法满足视频的需求，此时用户可以根据视频内容和风格选择合适的音色。

克隆

剪映专业版支持用户克隆自己的声音。用户可以通过特定的操作流程，将自己的声音特征录入系统。在进行音频编辑时，可将需要换音色的音频替换为自己克隆的声音，实现个性化的音频表达。

步骤01在时间线中选中需要换音色的音频素材，然后在素材调整区域的"换音色"面板中选择"克隆"选项，并单击"点击克隆"按钮，如图11-19所示。

步骤02在"克隆音色"窗口勾选确认并同意"'剪映'AI功能使用规范"，并单击"去克隆"按钮，如图11-20所示。

图11-19

步骤03克隆方式有"录制音频"或者"导入音频文件"两种，单击"录制音频"选项的"去克隆"按钮，如图11-21所示。

步骤04在"克隆音色"窗口中，单击"点按开始录制"按钮后朗读文本内容，如

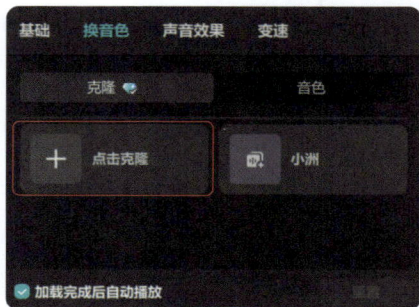

图11-22所示。

  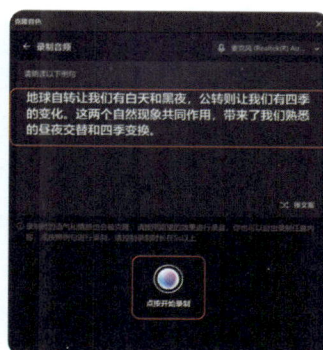

图11-20　　　　　　　　　　图11-21　　　　　　　　　　图11-22

步骤05等待音频上传完成后，可在"克隆音色"窗口中选择"保留口音版"或者"标准发音版"选项。选择"标准发音版"选项后，在"音色命名"选项中可为该音色命名，接着单击"保存音色"按钮，如图11-23所示。

步骤06最后，"克隆"选项中会显示已经克隆完成的音色，选择音色后单击"应用"按钮，即可完成声音的克隆，如图11-24所示。

音色

除了克隆自己的声音外，剪映专业版还提供了丰富的音色预设，其中包括男声、女声、童声、影视动漫等不同风格的音色，能满足创作者多样化的创作需求。在素材调整区域的"换音色"面板中选择"音色"选项，即可进行选择使用，如图11-25所示。

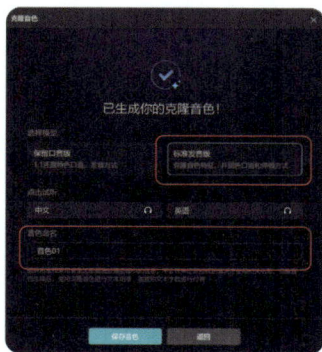  

图11-23　　　　　　　　　　图11-24　　　　　　　　　　图11-25

11.2.4　声音效果

为了让音频更好地融入视频中的场景，剪映专业版提供了各类场景的声音效果和声音成曲功能。通过对音频进行多样化处理，可以使其更贴合视频的场景和氛围。

场景音

场景音包含环境、美化和模拟3种。其中，环境效果是模拟各种真实的环境声音，如水下、教室、森林等场景的声音；美化效果用于对音频进行修饰，如人声增强、环绕音、添加混响等美化功能；模拟效果是模拟各种声音风格，如留声机、乡村大喇叭等，如图11-26所示。

图11-26

声音成曲

声音成曲功能可以将一段普通的声音素材转化为具有旋律和节奏的音乐片段。系统会根据声音的特点和节奏，自动生成一段与之相匹配的音乐旋律，为视频创作提供独特的音乐素材，如图11-27所示。

步骤01在时间线中选中需要进行声音成曲的音频素材，如图11-28所示。

步骤02在素材调整区域的"声音效果"面板中选择"声音成曲"选项，然后选择"嘻哈"风格，即可完成声音成曲效果，如图11-29所示。

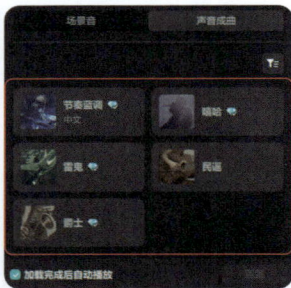

图11-27

图11-28

图11-29

11.2.5 变速

使用音频变速功能可以改变音频的播放速度，调整速度的方式有"倍数"和"时长"两种，如图11-30所示。通过"倍数"调整时，当参数大于1，视频处于加速状态；当参数小于1，视频处于减速状态。通过"时长"调整时，需要先设置一个具体的时间长度，播放速度便会根据比例加快或减慢。

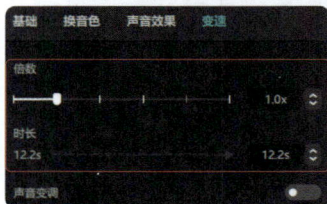

图11-30

第12章

文本设计:
高效传递视频信息

本章要点

在视频创作中,文字不仅是传递信息的关键载体,更是提升视频表现力与吸引力的重要元素。合理运用文本设计,能帮助观众更好地理解视频内容,增强视频的叙事效果,为观众带来更丰富的观看体验。本章将系统解析文本工具的操作方法与行业应用技巧,助力提升视频的专业性与表现力。

12.1 添加文本的常用方法

文本是视频内容表达的重要组成部分，剪映专业版提供了多种文本添加方式，以满足不同场景下的创作需求。

12.1.1 新建默认文本

在"文本"面板中选择"新建文本"选项，单击"默认文本"选项，即可在播放器中添加一个默认文本框。此时，文本框内会显示默认的占位文本，用户可直接在文本框中输入想要展示的文字内容，如图12-1所示。

图12-1

12.1.2 添加口播稿

当视频中有口播内容时，可以使用添加口播稿功能为视频快速添加字幕。在"文本"面板中选择"新建文本"选项，单击"添加口播稿"选项，如图12-2所示。随后会弹出对应窗口，用户可将事先准备好的口播稿内容复制粘贴到指定区域，也可使用AI自动生成文案内容，如图12-3所示。剪映会根据口播稿的内容，自动拆分文本内容并添加在时间线上，通过该方式可以大幅提高口播类视频字幕添加的效率和准确性。

图12-2

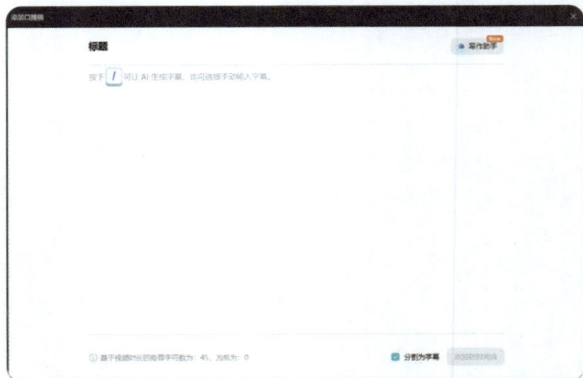

图12-3

12.1.3 导入本地字幕

如果已经在其他软件中制作好了字幕文件，或者有现成的本地字幕资源，那么可以使用导入本地字幕功能将其添加到视频中。在"文本"面板中选择"新建文本"选项，单击"导入本地字幕"选项，如图12-4所示。在弹出的"请选择媒体资源"对话框中，找到对应的字幕文件（支持常见的字幕格式，如 SRT、ASS 等），选中并单击"打开"按钮导入即可，如图12-5所示。导入后，字幕内容将以文件选项的形式显示，用户可直接将其拖至时间线中使用。

图12-4

图12-5

12.1.4 智能包装

智能包装功能为视频的文本和画面增添了全新的创意。剪映专业版可以通过智能算法实现画面和文本内容的自动匹配，让创作者轻松实现更具吸引力的视频效果。在"智能包装"面板中，即可使用"画面包装"和"智能B-Roll"功能，如图12-6所示。

图12-6

画面包装

画面包装功能会根据视频的内容和风格，智能匹配合适的字幕样式、花字效果、音效以及特效，使视频内容更加丰富、生动，增强视频的整体表现力。

智能B-Roll

智能B-Roll功能会分析画面内容，并智能添加空镜头画面来丰富视频，使视频内容更加充实，为观众提供更全面的视觉体验。

12.2 文本风格和样式设计

精心设计文本的风格和样式，能够使视频的文字更加醒目、美观，实现与视频内容和整体风格的有机融合，有效吸引观众的注意力。

12.2.1 文字基础属性

对文字基础属性进行调整，是打造个性化文本风格的基础。通过熟悉文本属性的操作，能够营造出多样化的文本效果，如图12-7所示。

字体

剪映专业版内置了丰富的字体库，涵盖各种风格的字体，如楷书、行书、黑体、卡通字体等。用户可以根据视频的主题和风格，选择合适的字体，赋予文本独特的视觉风格。

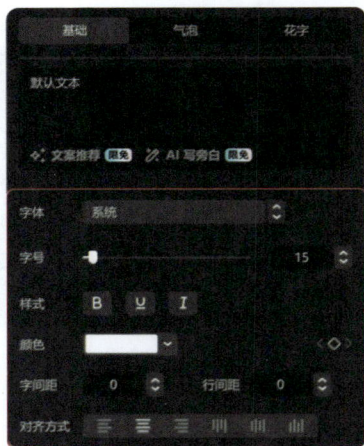

图12-7

字号

调整字号大小，能够改变文字的显示尺寸。在文本编辑界面，通过拖动字号滑块或直接输入字号数值，使文字大小与视频画面的布局相协调，可确保文字在视频中清晰易读，突出重点内容。

样式

通过设置文字的加粗、下划线和倾斜选项，可对文字进行进一步的强调和修饰，增强文字的表现力。

颜色

通过颜色选取功能，可以根据视频的主题和氛围，为文字选择合适的颜色。既可从预设的颜色板中选取颜色，也可通过RGB值或十六进制颜色代码自定义颜色，使文字与视频画面色彩搭配和谐，如图12-8所示。

图12-8

间距

间距包括字间距和行间距。通过增大或减小字间距，能够改变文字之间的疏密程度；调整行间距，则能控制文本段落中各行之间的距离，使文本排版更加舒适、美观，提高可读性。

对齐方式

根据视频画面的构图和文本内容，选择合适的对齐方式，可使文本在画面中呈现出整齐、有序的视觉效果。

预设样式

剪映专业版提供了一系列预设样式合集，用户只需一键选择预设样式，即可快速应用到文本上，节省设计时间的同时，获得美观、协调的文本效果，如图12-9所示。

位置大小

利用位置大小选项中的参数，可以调整文字的缩放、位置和旋转属性，以适应不同的文字内容和画面布局，如图12-10所示。

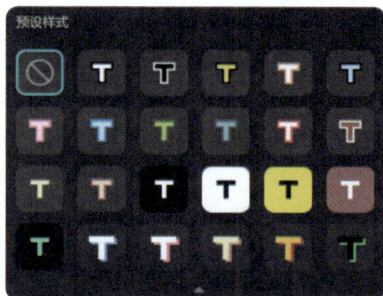

图12-9

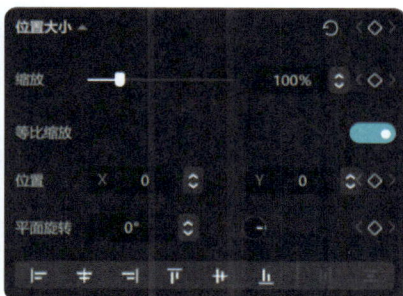

图12-10

12.2.2 气泡

"气泡"是文字样式设计的一种形式，能提升文字的表现力与趣味性，如图12-11所示。创作时可以依据不同的视频主题和氛围，选用不同风格的气泡。例如，在卡通类视频中，可以选择可爱、活泼的卡通风格气泡；在生活类视频中，选择简洁、清新的气泡，能营造出自然、舒适的氛围。通过为文字添加气泡效果，可以帮助观众更好地理解和记忆视频内容。

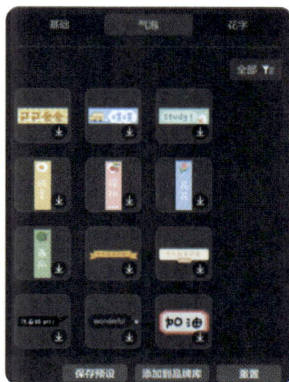

图12-11

12.2.3 花字

"花字"样式是多种字体属性进行组合,通过丰富的色彩搭配及描边、阴影等元素,合成具有视觉冲击力的文本形式。用花字来展示文字信息,能更好地契合视频主题,营造出相应氛围,如图12-12所示。

图12-12

步骤01在"文本"面板中选择"新建文本"选项,单击"默认文本"选项,在播放器的默认文本框中输入相应的文字内容,如图12-13所示。

图12-13

步骤02在"位置大小"选项中设置"位置"参数为1031、675,如图12-14所示。

图12-14

步骤03在"花字"模块中选择与视频风格相匹配的花字样式,如图12-15所示。

图12-15

12.2.4 文字模板

文字模板是剪映提供的一种个性化文本预设效果。在模板库中，用户可以根据分类来选择契合视频内容的模板风格。使用文字模板可以极大地提高视频制作效率，快速生成具有创意性的个性化文字效果，大量节省设计时间，如图12-16所示。

随着人工智能技术的广泛应用，文字模板也可以根据需要使用AI生成。在"文本"面板中选择"文字模板"选项，接着选择"AI生成"选项，AI便会根据文字内容和效果描述，生成符合要求的文字模板，如图12-17所示。

图12-16

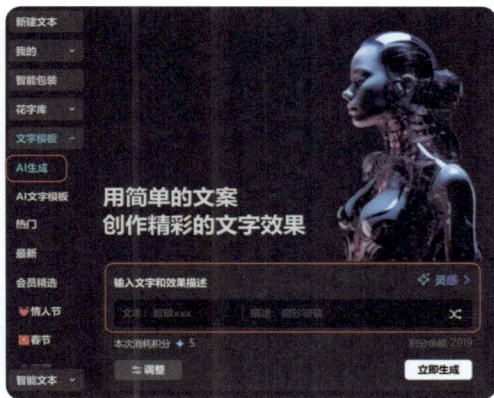

图12-17

▶ 要点提示

花字和文字模板的区别：花字主要侧重于单个文字或简短词语的艺术化设计，通过字体造型和装饰效果来吸引眼球，通常用于突出标题、强调关键词等。文字模板则是一个更完整的设计方案，包含了多个文本元素以及它们之间的布局方式、样式搭配等，适用于整个段落、章节或特定的视频场景，能够为视频提供统一的视觉风格。

第13章

贴纸和动画：
让视频更加生动

本章要点

在视频制作过程中，巧妙运用贴纸和动画效果，可以让平淡的视频内容变得生动有趣。贴纸可以为画面内容起到点缀和修饰的作用，使关键内容更突出；动画可以让视频或元素由静变动，吸引观众的注意力。本章将深入解析剪映专业版中贴纸、动画和关键帧的具体应用，帮助读者打造出充满活力的视觉效果。

13.1 贴纸和参数调整

贴纸作为视频创作中的重要元素，凭借其独特的设计和承载的特定信息，可以极大程度地丰富视频的内容表达。了解如何选择、调整和应用贴纸，对视频创作而言至关重要。

13.1.1 贴纸库

剪映专业版提供了丰富的贴纸资源，涵盖多种主题的贴纸类型，能满足不同风格视频的创作需求。在贴纸库中，贴纸按照不同的主题进行分类，如节日庆典、美食餐饮、时尚潮流等，如图13-1所示。用户既可以在贴纸库界面通过搜索栏输入关键词，筛选出所需贴纸；也可以通过浏览各个分类，直观地查找适合视频内容的贴纸素材。

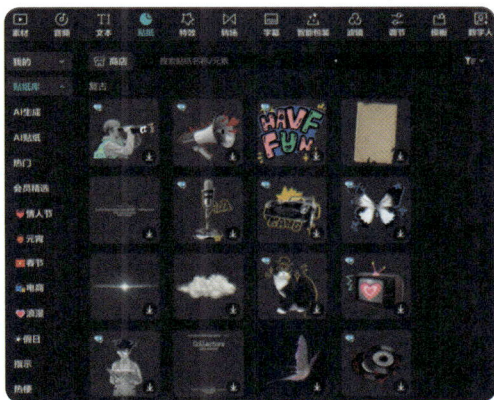

图13-1

13.1.2 AI生成贴纸

随着人工智能技术融入视频创作领域，剪映专业版能够根据特定描述语生成个性化的贴纸，这一功能为创作者提供了前所未有的便利性和创造空间。

步骤01在"贴纸"面板中选择"贴纸库"选项，接着选择"AI生成"选项，即可打开AI生成界面，如图13-2所示。

步骤02在描述画面输入框中，输入相关描述语，如图13-3所示。

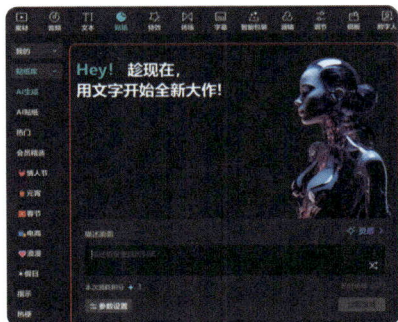

图13-2

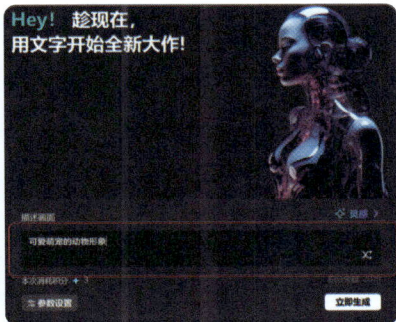

图13-3

步骤03单击"参数设置"按钮，选择"描边风"样式，如图13-4所示。

步骤04单击"立即生成"按钮，等待生成完成，如图13-5所示。

步骤05贴纸生成效果，如图13-6所示。

图13-4

图13-5

图13-6

13.1.3 贴纸的应用

从贴纸库或使用AI生成目标贴纸后，就可以将所需贴纸添加到视频画面中。

步骤01在时间线上，先将时间指示器定位到添加贴纸的时间点位置，如图13-7所示。

步骤02从贴纸库的分类中或从AI生成的贴纸中选中目标贴纸，然后单击贴纸右下角的"应用"按钮 ，如图13-8所示。

步骤03贴纸添加完成，如图13-9所示。

图13-7

图13-8

图13-9

13.1.4 贴纸参数调整

为确保贴纸与视频的整体风格相协调，进行适当的参数调整十分必要。其中包括对贴纸大小、位置及旋转等方面的微调，如图13-10所示。

步骤01在时间线上添加完素材后，贴纸呈现为默认状态，如图13-11所示。

步骤02在时间线上选中需要调整的贴纸素材，如图13-12所示。

步骤03在素材调整区的"贴纸"面板中，将"缩放"参数设置为40%，将"位置"参数设置为392、493，如图13-13所示。

图13-10

图13-11

图13-12

图13-13

步骤04 贴纸调整完成，如图13-14 所示。

图13-14

13.2 给贴纸添加动画效果

给贴纸添加动画效果，能够进一步增强贴纸的表现力和视频的动态感，使视频更加生动有趣，吸引观众的注意力。

13.2.1 入场动画

入场动画是指贴纸在视频中出现时的动画效果。剪映专业版提供了滑动、弹入、旋入等多种入场动画效果。在素材调整区的"动画"面板中，用户可以根据视频内容和创作需求，选择合适的入场动画效果，如图13-15所示。

图13-15

13.2.2 出场动画

出场动画是指贴纸在视频中消失时的动画效果。剪映专业版提供了滑动、渐隐、旋出等多种出场动画效果。通过选择合适的出场动画效果，可以使贴纸的消失更加自然、流畅，避免出现突兀感。在素材调整区的"动画"面板中，用户可以根据视频内容和创作需求，选择合适的出场动画效果，如图13-16所示。

图13-16

13.2.3 循环动画

循环动画能够让贴纸在视频中持续以特定的动画效果循环展示。剪映专业版提供了跳动、钟摆、滚动等多种循环动画效果，这些效果能够使贴纸在视频中持续吸引观众的注意力，增强视频的动态感，如图13-17所示。

图13-17

13.2.4 动画时长

动画时长决定了贴纸动画效果的持续时间。在为贴纸添加动画效果后，在动画设置区域，可对动画时长进行调整，具体调整方式为：拖动动画时长滑块，或直接输入具体的时长数值（单位为秒），如图13-18所示。合适的动画时长设置能使动画效果与视频的节奏相匹配，避免动画过长或过短导致的不协调感。

图13-18

第14章

抠像与合成:
创作画面的无限可能

本章要点

在视频创作过程中,运用抠像与合成技术,能够将不同的画面元素进行分离与融合,创造出令人惊艳的视觉效果。精准地抠取特定元素,不仅是画面合成的前提条件,也是必要的核心操作。本章将深入探讨画面合成、人工智能抠像等相关知识点,帮助创作者充分释放创意,打造出极富想象力的视频作品。

14.1 画面内容合成

通过熟练掌握画中画效果和蒙版的使用方法，可以将多个视频或图像素材进行组合，创造出丰富的视觉效果，使视频内容更加生动且富有层次感。

14.1.1 画中画效果

画中画效果是将画面内容以小画面的形式叠加在主视频画面之上，从而形成两个或多个画面同时播放的布局。此功能尤其适用于教学视频、产品演示或任何需要对比展示的场景。

步骤01在时间线上，将主视频放在主轨道上，将小窗口视频放在主轨道视频的上方，并将两者的长度调整一致，如图14-1所示。

步骤02在时间线上选中上层视频，在素材调整区中将"缩放"参数设置为44%，"位置"参数设置为1078、-607，如图14-2所示。

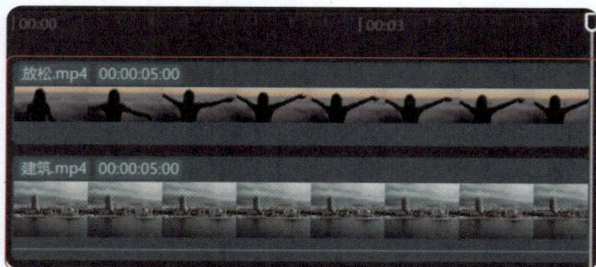

图14-1

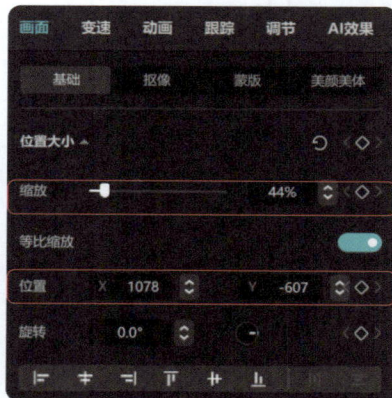

图14-2

步骤03画中画效果完成，如图14-3所示。

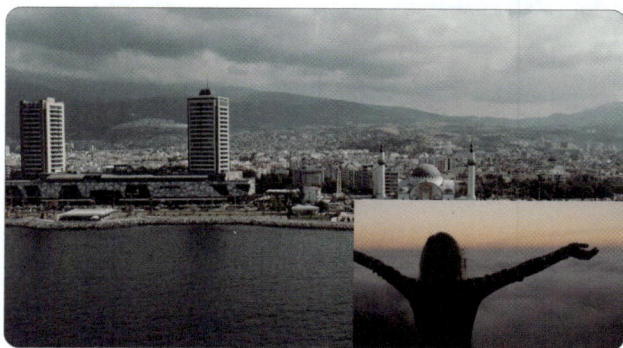

图14-3

14.1.2 蒙版的认识

蒙版是用于控制画面显示区域的工具，通过蒙版能够精确地指定画面中哪些部分可见，哪些部分隐藏。在蒙版选项中，有多种蒙版类型，如矩形蒙版、圆形蒙版、线性蒙版、钢笔工具等，如图14-4所示。

以矩形蒙版为例，在时间线上选中需要添加蒙版的素材，在素材调整区的"蒙版"模块中选择"矩形"蒙版，此时被蒙版框选区域的画面为可见状态，未框选的部分则不会显示，如图14-5所示。

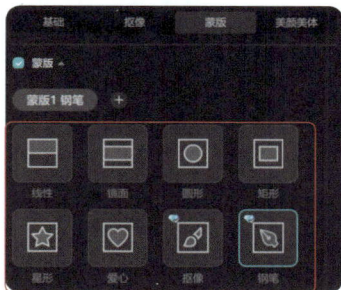

图14-4

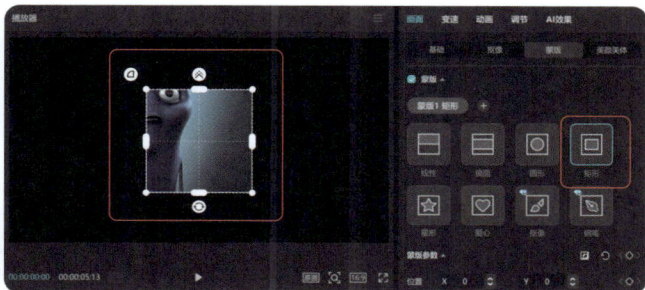

图14-5

蒙版添加后，可以直接在播放器窗口中拖动控制点来调整蒙版的状态，也可以调整相关参数设置，如位置、旋转、大小、羽化等选项，如图14-6所示。

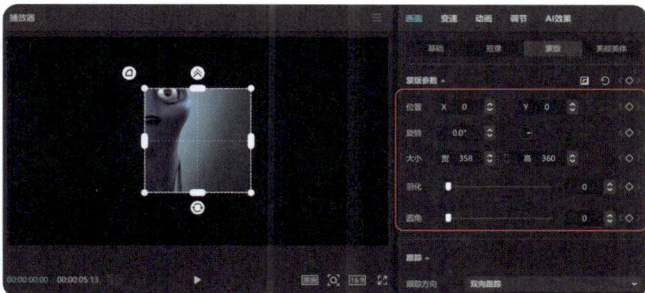

图14-6

在实际操作过程中，经常会出现希望框选内区域不显示、框选之外的区域显示的情况，此时单击"反转"按钮，即可完成该操作，如图14-7所示。

图14-7

单击"重置"按钮 🔄，可以将蒙版参数恢复至初始状态。

14.1.3 电影遮幅开场

下面是使用蒙版工具制作电影遮幅开场的操作步骤。

步骤01在时间线上选中需要添加蒙版的素材，在"蒙版"模块中单击"添加蒙版"按钮，如图14-8所示。

图14-8

步骤02默认状态下添加的是矩形蒙版，然后单击"镜面"蒙版选项即可修改成镜面蒙版，如图14-9所示。

图14-9

步骤03将播放指示器移到素材开始位置，在播放器窗口中拖动控制点使其处于闭合状态，然后单击"大小"选项后的"添加关键帧"按钮 ◇，如图14-10所示。

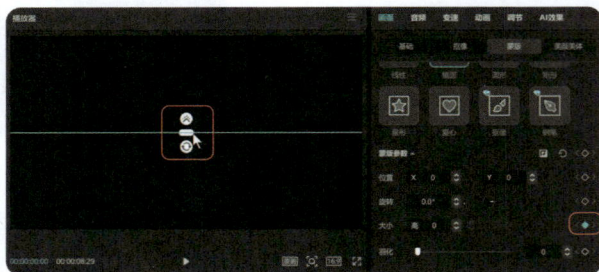

图14-10

步骤04将播放指示器移到3秒位置，将"大小"参数设置为650，如图14-11所示。

图14-11

步骤05电影遮幅开场效果
完成，如图14-12所示。

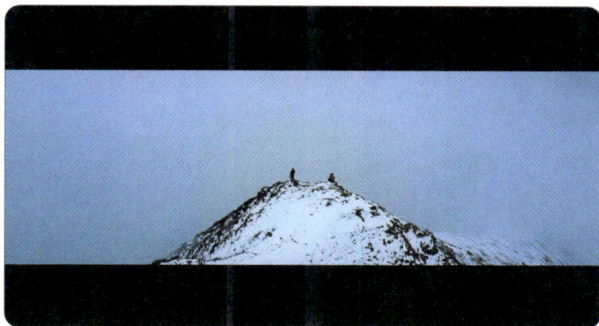

图14-12

14.2 人工智能抠像

人工智能抠像技术借助先进的算法，能够简单、高效地从复杂背景中提取特定的
主体元素，极大程度地提高了抠像的效率和精度。

14.2.1 智能抠像

在剪映专业版中，智能抠像功能利用人工智能算法，可自动识别视频或图像中的
主体元素，并将其从背景中分离出来。

步骤01在时间线上选中需
要抠像的素材，在素材调整区的
"抠像"模块中，勾选"智能抠
像"选项后，剪映会自动识别画
面中的主体并去除背景，如图
14-13所示。

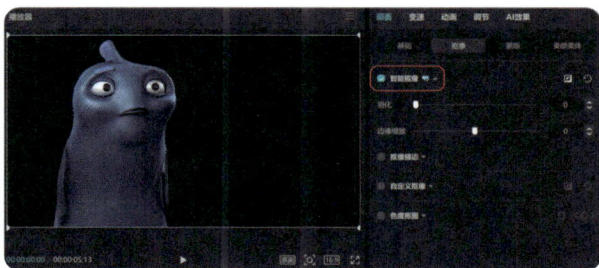

图14-13

步骤02在时间线上将抠像
素材向上移，将背景素材放在抠
像素材的下方，这样就可以给
画面主体替换背景，如图14-14
所示。

步骤03若抠像结果存在一
些细微瑕疵，可以在智能抠像的
设置中调整羽化和边缘缩放的参

图14-14

数进行优化，如图14-15所示。

　　智能抠像功能适用于背景相对简单、主体
与背景对比度较高的素材，能够快速完成抠像
操作，节省时间和精力。

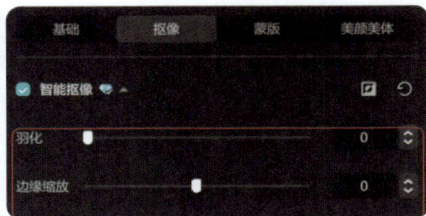

图14-15

14.2.2 自定义抠像

　　自定义抠像相较于智能抠像的操控空间更
大，可以自定义选择画面中的所需部分。实际
操作时，可根据实际情况不断调整涂抹区域，
直至获得令人满意的抠像效果。自定义抠像的
操作工具如图14-16所示。

图14-16

智能画笔

　　使用智能画笔在需要抠取的主体上进行涂抹，可以凭借算法智能识别并自动将主
体与背景分离，其识别类型可以是人物、动物、各类物体等，能够较为精准地确定选
取范围。

智能橡皮

　　与智能画笔相对应，智能橡皮用于去除智能画笔的误选区域或多余的部分。使用
智能橡皮涂抹需要去除的区域，它会智能判断并识别该区域，使选取范围更干净。

画笔

　　画笔工具更倾向于手动操作，对一些具有复杂边缘或智能识别存在瑕疵的位置，
可以进行更精细的抠像操作，自由地勾勒出准确的抠像范围。

橡皮擦

　　橡皮擦工具和画笔工具一样，倾向于手动操作，能够灵活地擦除抠像的细节，使
抠像的边缘和范围更加精确。

大小

　　大小主要用于调整智能画笔、智能橡皮、画笔和橡皮擦的笔触尺寸。在抠像时，根据
抠像对象的大小、细节程度以及实际操作的需求，可以将笔触大小调整至合适的尺寸。

14.2.3 色度抠图

色度抠图是一种基于颜色信息进行抠像的方法，常用于以绿幕或蓝幕为背景的画面，以实现无缝的背景替换效果。

步骤01在时间线上选中需要抠图的绿幕素材，在"抠像"模块中单击"色度抠图"选项，如图14-17所示。

图14-17

步骤02单击"取色器"按钮，然后用取色器选取画面中需要去除的绿色区域，如图14-18所示。剪映专业版会根据选取的颜色自动识别，并去除素材中与该颜色相近的区域。

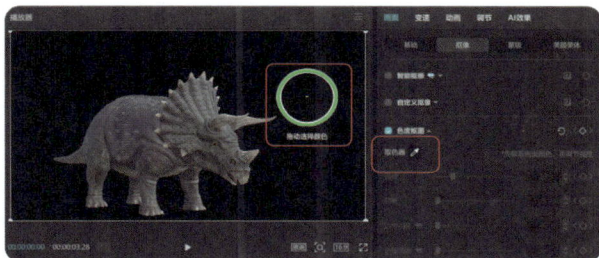

图14-18

步骤03取色完成后，可以根据画面的实际情况调整抠图参数，如图14-19所示。

图14-19

步骤04在时间线上，将抠取完成的"恐龙"素材移至上层轨道，然后将"草地"素材放在"恐龙"素材的下方轨道，并将两条素材调整到相同长度，如图14-20所示。

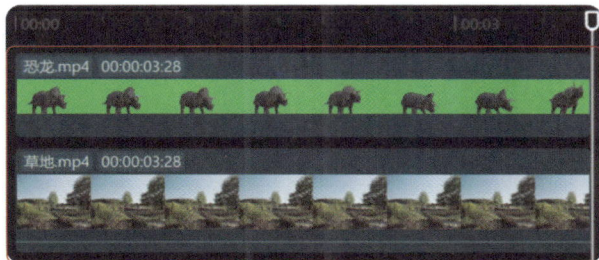

图14-20

步骤05 色度抠图和背景替换完成，如图14-21所示。

图14-21

▶ **要点提示**

在需要用以绿幕或蓝幕为背景的素材进行抠图时，为了保证抠图效果，拍摄时需要注意以下问题。颜色上，应选择纯度高、无杂色的绿幕或蓝幕背景；材质上，应选用无反光、质地均匀的哑光背景材质，确保背景平整无褶皱，防止光线反射；背景与主体关系方面，确保背景完整无穿帮，且主体没有与背景相近颜色的元素；光线上，应保证光线强度适中，光照覆盖均匀，避免出现阴影区域。

第15章

转场与特效：
点燃视觉吸睛焦点

本章要点

在视频创作领域，转场与特效发挥着画龙点睛的作用，可以有效提升视频的观赏性与吸引力。转场用于视频片段之间的过渡环节，可以确保过渡过程流畅自然；特效则可以为视频增添独特的视觉风格与创意元素。熟练掌握并运用这些功能，有助于牢牢抓住观众的注意力。本章将解析剪映专业版中各类转场效果与特效的具体应用。

15.1 转场效果应用

转场是视频编辑中用于连接两个不同片段的手段，它能使视频从一个场景以某种形式过渡到另一个场景，避免画面切换时的突兀感，增强视频的连贯性与逻辑性。

15.1.1 转场的概念

转场本质上是一种视频编辑技巧，通过特定的视觉或听觉效果，将两个相邻的视频片段进行衔接。转场并非简单的画面切换，而是视频叙事和节奏把控的重要手段，它能够引导观众的注意力，使观众在场景转换时不会产生突兀感，从而更深入地沉浸在视频内容中。

无技巧转场

无技巧转场是指不借助任何转场效果，只通过镜头的自然切换来实现场景的过渡。例如，利用主体动作的连贯性，在前一个片段中呈现将蛋糕拿走的动作，下一个片段紧接着开始挤奶油。这样的切换基于动作的延续，显得自然流畅，如图15-1所示。无技巧转场强调内容的逻辑性和连贯性，适用于追求真实、自然风格的视频。

图15-1

技巧性转场

与无技巧转场有所不同，技巧性转场是借助各种特效或特殊的画面处理来实现场景的转换。比如淡入淡出效果，表现为前一个片段逐渐变淡直至消失，后一个片段逐渐从无到有，这种方式常用于时间或场景的较大跨度转换；再如旋转、缩放等转场特效，通过对画面进行特定的变形处理，创造出具有视觉冲击力的过渡效果。技巧性转场能够营造出丰富多样的视觉效果，适用于需要突出风格或进行情感表达的视频。

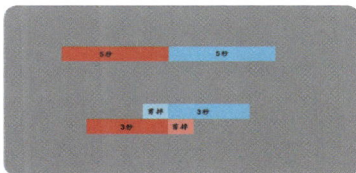
15.1.2 闪黑转场

闪黑转场效果表现为在前一个视频片段结束时，画面逐渐变黑，短暂黑屏后，下一个视频片段从黑暗中亮起。这个短暂的黑屏瞬间，会让观众更加集中注意力。该转场适用于营造紧张氛围、时空跨度较大的场景中，下面是闪黑转场的操作步骤。

步骤01将"红叶"和"山"素材放在时间线上，并将"红叶"素材的尾部和"山"素材的头部各剪掉一部分，如图15-4所示。

步骤02在"转场效果"面板中找到"闪黑"转场，然后将其拖至"红叶"和"山"素材的衔接位置，如图15-5所示。

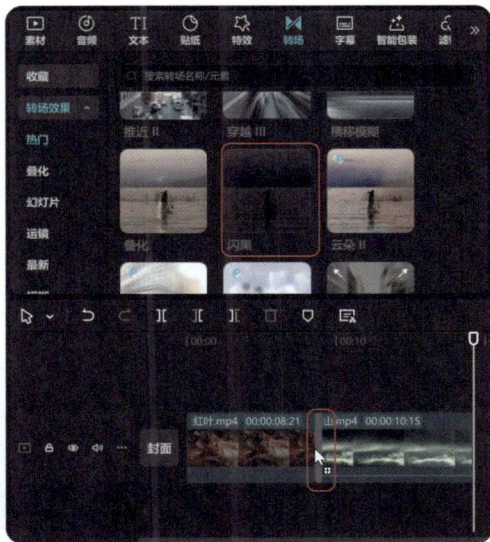

图15-4

图15-5

步骤03闪黑转场效果完成，如图15-6所示。

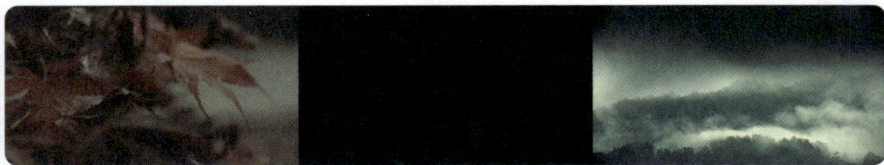

图15-6

15.1.3 推近转场

推近转场效果是指前一个视频片段开始时，以逐渐放大的方式朝着某个特定的主体或元素靠近，后一个视频片段接着展示需要着重呈现的内容，就像镜头在逐渐拉近一样。该转场效果可以将观众的关注点集中在画面中的关键元素上，增强画面的表现力，适用于需要突出重点内容或强调关键元素的场景，引导观众重点关注想要表达的内容。下面是推近转场的操作步骤。

步骤01将"沙漠-1"和"沙漠-2"素材放在时间线上，并将"沙漠-1"素材的尾部和"沙漠-2"素材的头部各剪掉一部分，如图15-7所示。

步骤02在"转场效果"面板中找到"推近"转场，然后将其拖至"沙漠-1"和"沙漠-2"素材的衔接位置，如图15-8所示。

图15-7

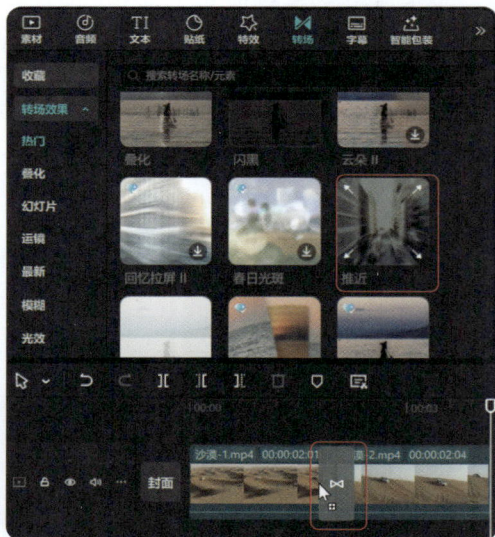

图15-8

步骤03推近转场效果完成，如图15-9所示。

图15-9

15.1.4 拉远转场

拉远转场与推近转场相反，它通过模拟镜头远离主体的方式，展现更广阔的场景，为视频带来更宏观的视角，有助于营造宏大、开阔的氛围。该转场效果常用于展示场景的全貌或揭示事件发生的大背景，以增强视频的叙事性和全面性。下面是拉远转场的操作步骤。

步骤01将"游艇-1"和"游艇-2"素材放在时间线上，并将"游艇-1"素材的尾部和"游艇-2"素材的头部各剪掉一部分，如图15-10所示。

步骤02在"转场效果"面板中找到"拉远"转场，然后将其拖至"游艇-1"和"游艇-2"素材的衔接位置，如图15-11所示。

图15-10

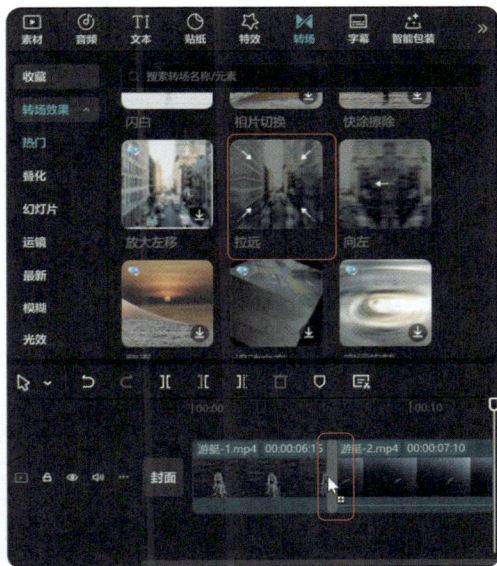

图15-11

步骤03拉远转场效果完成，如图15-12所示。

图15-12

15.2 创意风格转场

除基础的转场效果之外，剪映专业版还可以通过蒙版、变速等手法来打造个性化的转场效果，突破传统转场形式的局限，让视频转场更具个性。

15.2.1 无缝线性转场

无缝线性转场可以实现两个视频片段之间极为流畅、自然的过渡，仿佛不存在明显的边界。通过借助视频中的某个横穿画面的元素，使前一个片段的结束画面与后一个片段的起始画面完美衔接，让观众几乎察觉不到转场的痕迹，从而营造出连贯、流畅的视觉体验。该类型转场常用于旅拍、剧情片、纪录片等。下面是无缝线性转场的操作步骤。

步骤01将"大厅"和"自然"素材放在时间线上，"大厅"素材在上层轨道，"自然"素材在下层轨道，"自然"素材的开始位置在2秒22帧处（即"大厅"素材中"墙边"元素开始横穿画面的位置），如图15-13所示。

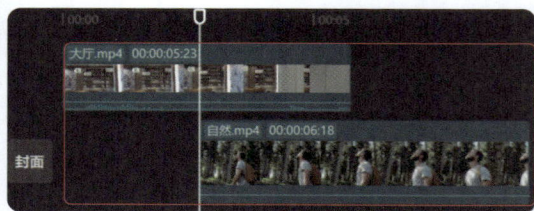

图15-13

步骤02将时间指示器移至2秒22帧的位置，在时间线上选中"自然"素材，为其添加"线性"蒙版，并将蒙版的角度与"墙边"元素对齐，如图15-14所示。

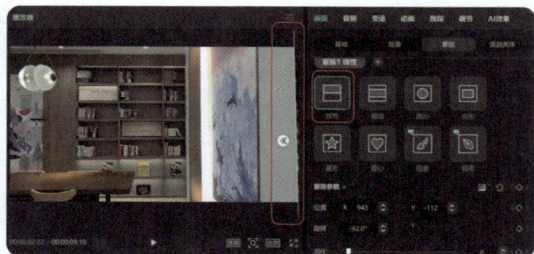

图15-14

步骤03单击"位置"参数后面的"添加关键帧"按钮◇，然后将时间指示器移至4秒25帧处（"墙边"元素横穿画面完成的位置），并将"线性"蒙版继续与"墙边"元素对齐，如图15-15所示。

图15-15

步骤04无缝线性转场效果完成，如图15-16所示。

图15-16

15.2.2 丝滑变速转场

丝滑变速转场是基于两个视频片段在运动方向上的一致性,通过调整片段的播放速度来实现转场效果。利用速度变化和运动方向的一致性,弱化剪辑时的跳跃感。下面是丝滑变速转场的操作步骤。

步骤01将"书架"和"绿植"素材放在时间线上,"书架"素材在前,"绿植"素材在后,如图15-17所示。

图15-17

步骤02将时间指示器移至2秒06帧处(即"书架"素材开始运镜的位置),选中"书架"素材,在"曲线变速"模块中为其添加"自定义"变速曲线,并在2秒06帧位置开始让视频做加速运动,如图15-18所示。

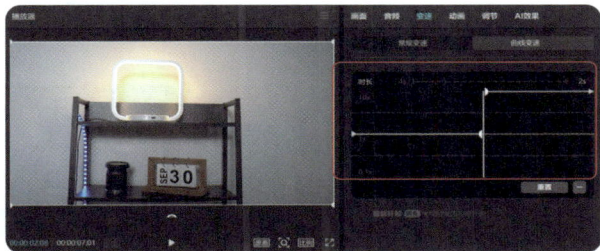

图15-18

步骤03将时间指示器移至4秒17帧处("绿植"素材运镜完成的位置),选中"绿植"素材,在"曲线变速"模块中为其添加"自定义"变速曲线,并在"绿植"素材开始至4秒17帧位置让视频做加速运动,如图15-19所示。

图15-19

步骤04丝滑变速转场效果完成,如图15-20所示。

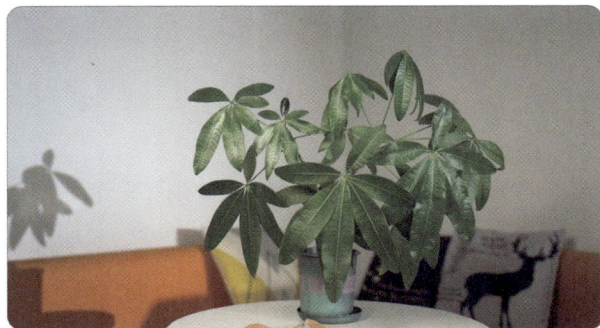

图15-20

15.2.3 水墨风转场

水墨风转场以中国传统水墨画为灵感，模拟水墨晕染和笔触扩散的效果。这种转场方式适用于与传统文化、历史相关的视频，可以增强视频的文化底蕴和艺术感染力。下面是水墨风转场的操作步骤。

步骤01将"国风"和"剑客"素材按顺序放在时间线上，然后将"水墨"素材放在"剑客"素材的上方，并使它们对齐，如图15-21所示。

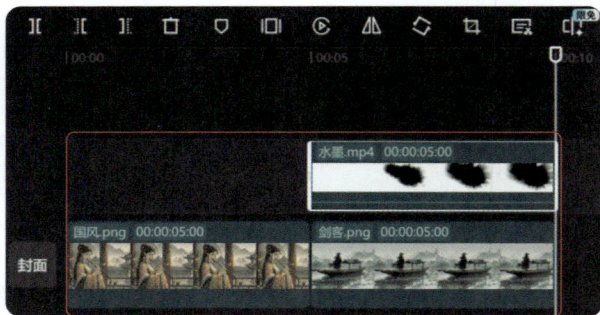

图15-21

步骤02选中"水墨"素材，将"混合模式"选项设置为"变亮"，如图15-22所示。

图15-22

步骤03水墨风转场效果完成，如图15-23所示。

图15-23

15.3 特效功能解析

特效是视频创作中提升视觉效果和创意表达的重要工具。剪映专业版提供了画面特效和人物特效两大类型，其中画面特效是针对视频整体来塑造各种风格，人物特效则是针对身体局部进行元素搭配。

15.3.1 画面特效

画面特效是作用于视频画面整体的特效，它能够改变画面的色彩、光影、纹理等视觉元素，塑造出不同的画面风格。画面特效分类中涵盖了多种特效类型，如图15-24所示。用户可以根据视频的主题和想要表达的情感，选择合适的画面特效应用到视频片段上，为视频增添独特的视觉魅力。

图15-24

15.3.2 人物特效

人物特效主要是针对视频中人物的肢体动作添加特定效果，以突出人物特点或营造特殊氛围，其中包括情绪、身体、形象等类型，如图15-25所示。

图15-25

15.3.3 特效应用和参数调整

特效添加有两种方式，第一种是直接将需要的特效效果拖到素材中，这样整段素材都会被赋予这种效果，如图15-26所示。第二种是将特效效果放在素材的上方，此时特效仅对其覆盖范围内的素材起作用，如图15-27所示。

图15-26

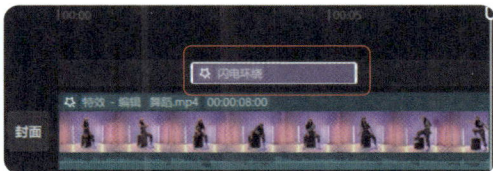

图15-27

以人物特效为例，特效添加后，视觉元素会出现在身体对应的位置。同时，在时间线上选中特效素材后，可以在素材调整区调整该特效相关的参数，如颜色、强度、大小等，如图15-28所示。

图15-28